用水定额系列丛书

工业用水定额总论

张继群　陈莹　李贵宝　编著

中国质检出版社
中国标准出版社
北　京

图书在版编目(CIP)数据

工业用水定额总论/张继群，陈莹，李贵宝编著.
—北京:中国标准出版社,2014.6
(用水定额系列丛书)
ISBN 978-7-5066-7068-5

Ⅰ.①工… Ⅱ.①张…②陈…③李… Ⅲ.①工业用水-用水量-定额-中国 Ⅳ.①TU991.31

中国版本图书馆 CIP 数据核字(2012)第 278336 号

中国质检出版社
中国标准出版社 出版发行
北京市朝阳区和平里西街甲 2 号(100029)
北京市西城区三里河北街 16 号(100045)
网址:www.spc.net.cn
总编室:(010)64275323 发行中心:(010)51780235
读者服务部:(010)68523946
中国标准出版社秦皇岛印刷厂印刷
各地新华书店经销

*

开本 880×1230 1/32 印张 3.875 字数 99 千字
2014 年 6 月第一版 2014 年 6 月第一次印刷

*

定价 **25.00** 元

《用水定额系列丛书》编写组

主　　编　张继群

成　　员（以姓氏笔画为序）

　　李贵宝　祁鲁梁　陈　莹　张觐桐

　　杨书铭　程继军　秦人伟

本书作者　张继群　陈　莹　李贵宝

序

随着经济社会的不断发展，水资源短缺已经成为全国各地共同关注的问题。强化水资源节约保护工作要求把实施最严格水资源管理作为加快转变经济发展方式的战略举措，把节约用水贯穿于经济社会发展和群众生活生产全过程。加强用水定额监督管理，是提高用水效率，促进产业结构调整的主要手段。

近年来，用水定额作为水资源管理重要的基础工作，为进一步建立用水效率控制制度提供了有效的抓手。目前，国家从宏观层面上编制发布了《用水定额编制技术导则》、《水利部关于严格用水的通知》等指导文件，各省（市、自治区）编制发布了地方的用水定额，有关工业行业编制发布了用水定额的行业标准等。

《用水定额系列丛书》立足于编写者掌握的信息和数据，从工业行业发展概况入手，比较生产工艺和用水系统，对主要节水技术和措施做出了较为全面和系统的阐述。同时，该系列丛书分行业对取用水国家标准、地方标准、清洁生产标准等进行了全面的比较分析。此外，该系列丛书还对国内外典型节水高效企业用水情况进行实例分析，从技术、经济等多角度全面论述，体现了综合性和实用性。

相信《用水定额系列丛书》的出版对我国用水定额管理技术人员学习和了解行业用水定额的现状和发展水平将大有裨益，同时，有利于水利行业相关部门，更好的了解用水定额和行业的节水技术发展趋势，对促进行业用水效率的提高将起到推动的作用。谨对该书的出版表示衷心的祝贺。

2013年6月

前　言

近年来，随着节水型社会建设的深入推进以及严格水资源管理制度的要求，各地越来越重视用水定额管理，并通过用水定额的微观管理，有效地将节水工作贯穿于经济社会发展和群众生产生活全过程，将用水定额管理作为区域、行业和用水产品用水效率控制的重要手段。国家从宏观层面上编制发布了工业行业的取水定额国家标准，有关行业编制发布了工业行业内的行业标准等，全国已有30个省区市编制发布了地方的用水定额。然而，国家标准、行业标准、地方标准在用水定额的编制上有些不规范、不统一，同一个工业产品的用水定额各省编制发布的定额值相差甚大。因此，为了更好地服务于把节水工作贯穿于经济社会发展和群众生产生活全过程，加强用水定额和计划管理，我们编写了《用水定额系列丛书》。

丛书拟分为3大板块，即工业用水定额、农业用水定额和生活用水定额。其中工业行业种类多、工艺不一，其用水定额比较复杂。为此，工业用水定额再细分为：工业用水定额总论、钢铁工业用水定额、石油和化学工业用水定额、纺织工业用水定额、食品行业用水定额等。

丛书可供涉水管理部门、各行业及生产企业、灌区、社区、学校、机关，科研院校的相关科技人员、研究人员以及工作人员参阅。

《工业用水定额总论》主要涵盖工业用水节水的基本概念、工业用水定额概况、发展演变历程，以及工业用水定额的编制和应用等，从而为工业各行业用水定额提供基础。《工业用水定额总论》是指导每个工业行业用水定额的基础，共分为：工业用水节水基本概念、工业用水节水概况、我国工业用水定额以及工业用水定额编制和应用四部分。

本书编写过程中参考了许多书籍、期刊与网上资料，在书中未能一一标明，特此说明，并感谢相关作者。

本书由张继群、陈莹、李贵宝负责构思和总体框架设计，并组织撰写。主要参加编写人员有祁鲁梁、杨书铭、秦人伟、程继军。全书由张继群、陈莹、李贵宝负责统稿。

由于编者水平有限，不当之处，敬请广大读者批评指正。

编著者

2013 年 7 月

目　录

第一章　工业用水节水的基本概念

第一节　工业用水分类

一、概述

工业(industry)是指采集原料,并把它们在工厂中生产成产品或装配的工作和过程。工业是社会分工发展的产物,经过手工业、机器大工业、现代工业几个发展阶段,是国民经济中最重要的物质生产部门之一。

一般把工业结构分为轻工业、重工业两大部分。

《中国统计年鉴》中对重工业的定义是:为国民经济各部门提供物质技术基础的主要生产资料的工业;轻工业是指主要提供生活消费品和制作手工工具的工业。

1. 重工业按其生产性质和产品用途,分为三类:

(1) 采掘(伐)工业:是指对自然资源的开采,包括石油开采、煤炭开采、金属矿开采、非金属矿开采和木材采伐等工业;

(2) 原材料工业:指向国民经济各部门提供基本材料、动力和燃料的工业。包括金属冶炼及加工、炼焦及焦炭、化学、化工原料、水泥、人造板以及电力、石油和煤炭加工等工业;

(3) 加工工业:是指对工业原材料进行再加工制造的工业。包括装备国民经济各部门的机械设备制造工业、金属结构、水泥制品等工业,以及为农业提供的生产资料如化肥、农药等工业。

2. 轻工业按其所使用的原料不同,分为两大类:

(1) 以农产品为原料的轻工业:是指直接或间接以农产品为基本原料的轻工业。主要包括食品制造、饮料制造、烟草加工、纺织、缝纫、皮革和毛皮制作、造纸以及印刷等工业;

(2) 以非农产品为原料的轻工业:是指以工业品为原料的轻工业。主要包括文教体育用品、化学药品制造、合成纤维制造、日用化学制品、日用玻璃制品、日用金属制品、手工工具制造、医疗器械制造、文化和办公用机械制造等工业。

工业是唯一生产现代化劳动手段的部门，它决定着国民经济现代化的速度、规模和水平，在当代世界各国国民经济中起着主导作用。工业还为自身和国民经济其他各个部门提供原材料、燃料和动力，为人民物质文化生活提供工业消费品；并是国家财政收入的主要源泉，是国家经济自主、政治独立、国防现代化的根本保证。

二、《国民经济行业分类》对行业的分类

《国民经济行业分类》(GB/T 4754—2011)中，行业(或产业)是指从事相同性质的经济活动的所有单位的集合。该标准规定了全社会经济活动的分类与代码，适用于在统计、计划、财政、税收、工商等国家宏观管理中，对经济活动的分类，并用于信息处理和信息交换。

该标准共分为 20 个门类 96 个大类，其中属于工业行业的有采矿业，制造业，电力、热力、燃气及水生产和供应业共 3 个门类 41 个大类，具体名称如下：

B　采矿业

06　煤炭开采和洗选业

07　石油和天然气开采业

08　黑色金属矿采选业

09　有色金属矿采选业

10　非金属矿采选业

11　开采辅助活动

12　其他采矿业

C　制造业

13　农副食品加工业

14　食品制造业

15　酒、饮料和精制茶制造业

16　烟草制品业

17　纺织业

18　纺织服装、服饰业
19　皮革、毛皮、羽毛及其制品和制鞋业
20　木材加工和木、竹、藤、棕、草制品业
21　家具制造业
22　造纸和纸制品业
23　印刷和记录媒介复制业
24　文教、工美、体育和娱乐用品制造业
25　石油加工、炼焦和核燃料加工业
26　化学原料和化学制品制造业
27　医药制造业
28　化学纤维制造业
29　橡胶和塑料制品业
30　非金属矿物制品业
31　黑色金属冶炼和压延加工业
32　有色金属冶炼和压延加工业
33　金属制品业
34　通用设备制造业
35　专用设备制造业
36　汽车制造业
37　铁路、船舶、航空航天和其他运输设备制造业
38　电气机械和器材制造业
39　计算机、通信和其他电子设备制造业
40　仪器仪表制造业
41　其他制造业
42　废弃资源综合利用业
43　金属制品、机械和设备修理业

D　电力、热力、燃气及水生产和供应业

44　电力、热力生产和供应业
45　燃气生产和供应业
46　水的生产和供应业

三、《全国水资源综合规划技术细则》对工业的分类

《全国水资源综合规划技术细则》(水利部水利水电规划设计总院,2003)中,根据工业用水的多少和消耗水的多少,把工业分为三类,即高用水工业、一般工业和火(核)电工业。

具体所包含内容,见表1-1。

表1-1　按用水特点划分的工业类型

工业	高用水工业	纺织、造纸、石化、冶金
	一般工业	采掘、食品、木材、建材、机械、电子、其他[包括电力工业中非火(核)电部分]
	火(核)电工业	循环式、直流式

四、工业用水分类

1. 定义

1999年,原建设部发布了行业标准《工业用水分类及定义》(CJ 40—1999)。该标准中工业用水是指:工矿企业的各部门,在工业生产过程中,制造、加工、冷却、空调、洗涤、锅炉等处使用的水及厂内职工生活用水的总称。

2008年,《企业水平衡测试通则》(GB/T 12452—2008)发布,该标准中工业用水的定义是:工、矿企业在工业生产过程(期间)中,主要生产、辅助生产和附属(生活)生产用水的总称。

2. 工业用水水源与分类

工业生产过程所用全部水的引取来源,称为工业用水水源。

根据《工业用水节水　术语》(GB/T 21534—2008)国家标准,水资源可分为常规水资源和非常规水资源两大类。

常规水资源是指陆地上能够得到且能自然水循环不断得到更新的淡水,包括陆地上的地表水和地下水。非常规水资源是

指地表水和地下水之外的其他水资源，包括海水、苦咸水和再生水等。

因此，工业用水水源可分为6类：

(1) 地表水

地表水包括陆地表面形成的径流及地表贮存的水(如江、河、湖、水库等水)。

(2) 地下水

地下径流或埋藏于地下的，经过提取可被利用的淡水(如潜水、承压水、岩溶水、裂隙水等)。

(3) 自来水

由给水管网系统供给的水。

(4) 再生水

再生水是指以污废水为水源，经再生工艺净化处理后水质达到再利用标准的水。再生水曾被称为污水回用水。

(5) 海水

沿海城市的一些工业用做冷却水水源或为其他目的所取的那部分海水(注：再生水与海水是水源的一部分，但目前对这两种水暂不考核，不计在取水量之内，只注明使用水量以做参考)。

(6) 其他

有些企业根据本身的特定条件使用上述各种水以外的水作为取水水源称为其他水。如苦咸水、矿井水等。

小提示：
苦咸水：是指存在于地表或地下，含盐量大于1 000 mg/L的水。
矿井水：是指在采矿过程中，矿床开采破坏了地下水原始赋存状态而产生导水裂隙，使周围水沿着原有的和新的裂隙渗入井下采掘空间而形成的矿井涌水。

3. 工业企业用水的分类

《企业水平衡测试通则》(GB/T 12452—2008)标准中把工业企业用水分为主要生产用水、辅助生产用水和附属生产用水三大部分。不包括居民生活用水、外供水、基建用水。具体分类方法见图1-1。

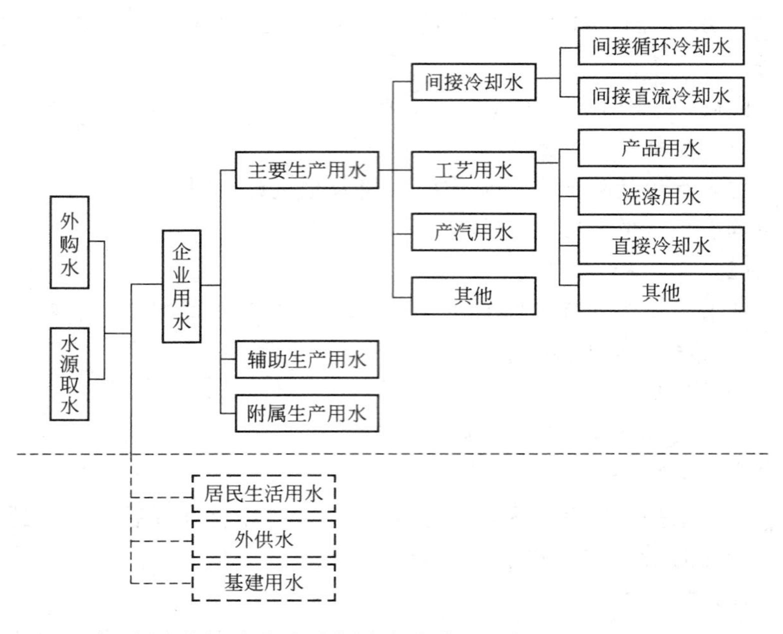

注：本图引自《企业水平衡测试通则》(GB/T 12452—2008)。

图 1-1　工业企业用水分类示意图

(1) 主要生产用水

主要生产用水是指主要生产系统（主要生产装置、设备）的用水，是工业用水的主体。不论是属于哪种性质的工业企业，只要有工业产品的生产就存在这种用水，是工业企业产品在生产过程中的直接用水。如在生产过程中所用的冷却水、洗涤水或作为原料使用的产品用水及生产线内的作业用水都属于生产用水，这部分水是编制工业用水定额的主要依据。

主要生产用水按其用途可分为：工艺用水、间接冷却水、产汽用水（锅炉用水）和其他用水。其中工艺用水又可分为：产品用水、洗涤用水、直接冷却水和其他工艺用水。

(2) 辅助生产用水

辅助生产用水是指为主要生产系统服务的辅助生产系统的用水。

辅助生产系统包括工业水净化单元、软化水处理单元、水汽车间、循环水场、机修、空压站、污水处理场、贮运、鼓风机站、氧气站、电修、检化验等。

这些服务性的辅助生产部门或系统对于一些专业化程度较高的企业来讲，不一定都需具备。这些企业在生产过程中所需要的热、冷、气等可由外购入，所以在制定用水定额时就不一定要包括在内。但对于出售热、冷、气的企业来讲，热、冷、气就是工业产品，生产热、冷、气的用水就是生产用水，而不能当作辅助生产用水对待。所以，在制定用水定额时，这部分产品的用水应否单独制定在内，要作具体考虑和分别对待。

(3) 附属生产用水

附属生产用水是指在厂区内，为生产服务的各种服务、生活系统（如厂办公楼、科研楼、厂内食堂、厂内浴室、保健站、绿化、汽车队等）的用水。这部分水在制定用水定额时，应适当考虑。但这些服务、生活系统各企业却大小不等，用水高低不同，如何处理要做具体的分析研究。

4. 生产用水的分类

生产用水按水的使用功能和用途分为四类：

(1) 间接冷却用水

在工业生产过程中，为保证生产设备能在正常温度下工作，用来吸收或转移生产设备的多余热量，所使用的冷却水（此冷却用水与被冷介质之间由热交换器壁或设备隔开），称为间接冷却用水。

间接冷却用水是工业用水中的主要部分，约占到工业总用水量的85%左右。但由于是间接使用，这部分水经使用之后水质未发生大的变化，仅是水温有所提高，经降温后可重复使用。有的企业间接冷却水的循环率可达到95%以上，不管是生产用水，还是辅助生产用水中都有这类水的存在。

(2) 工艺用水

在工业生产中，用来制造、加工产品以及与制造、加工工艺过程有关的这部分用水称为工艺用水。

工艺用水包括直接冷却用水、洗涤用水、产品用水和其他作业用水等。工艺用水也存在于生产用水和辅助生产用水之中。

① 产品用水

在生产过程中，作为产品的生产原料的那部分水称为产品用水（此水或为产品的组成部分，或参加化学反应）。

② 洗涤用水

在生产过程中，对原材料、物料、半成品进行洗涤处理的水称为洗涤用水。

③ 直接冷却水

在生产过程中，为满足工艺过程需要，使产品或半成品冷却所用与之直接接触的冷却水（包括调温、调湿使用的直流喷雾水）称为直接冷却水。

④ 其他工艺用水

产品用水、洗涤用水、直接冷却水之外的其他工艺用水，称为其他工艺用水。

（3）产汽用水

产汽用水即锅炉用水，是指为工艺或采暖、发电需要产汽的锅炉用水及锅炉水处理用水统称为锅炉用水。

锅炉用水包括锅炉给水和给水处理用水。

① 锅炉给水

直接用于产生工业蒸汽进入锅炉的水称为锅炉给水。锅炉给水由两部分水组成：一部分是回收由蒸汽冷却得到的冷凝水，另一部分是补充的软化水。

② 锅炉给水处理用水

为锅炉制备软化水时，所需要的再生、冲洗等项目用水称为锅炉给水处理用水。

锅炉用水一般为辅助用水，但在电力、供热等企业中，蒸汽是其产品或中间体，故可视为主要生产部门，它的用水在这种情况下可视为生产用水。

（4）其他用水

第二节　工业用水系统

一、工业用水系统类型

工业用水系统有直流式用水系统、串联用水系统、循环用水系统和回用水系统等，见图 1-2。

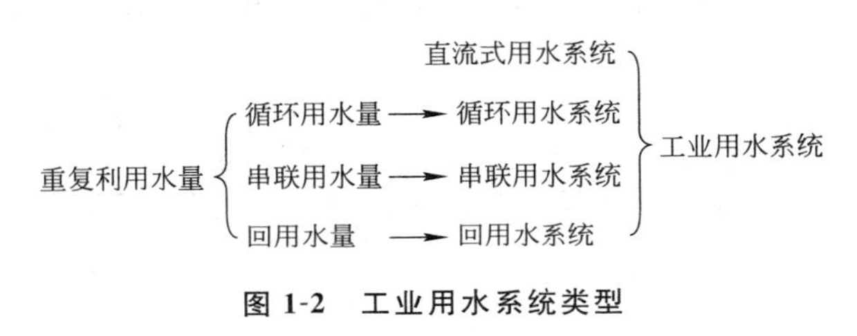

图 1-2　工业用水系统类型

二、工业用水系统的阐述

1. 循环用水系统

循环用水系统是指确定的生产系统中将使用过的水直接或适当处理后重新用于同一生产系统的同一生产过程的用水方式。循环用水量就是指在循环用水系统中循环使用的总水量。

2. 回用水系统

回用水系统是指在确定的生产系统内部，将某一生产过程使用过的水，经适当处理后用于同一用水系统内部或外部的其他生产过程。回用水也称为再利用水。

例如：图 1-3 为回用水系统，其重复用水量＝回用水量 1＋回用水量 2。

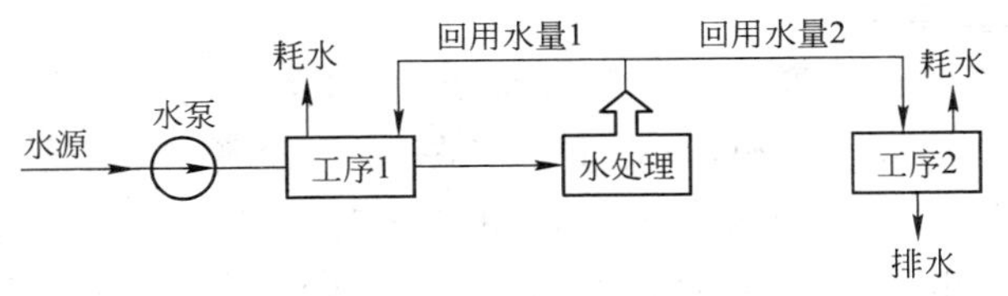

图 1-3　回用水系统

3. 串联用水系统

串联用水系统又称循序用水系统，是根据生产过程中各工序、各车间、或者在不同范围内对用水水质的不同要求，将水依次地再利用。

串联用水系统同回用水系统的差别仅在于各生产环节的用水水质逐级同上一级用水过程水质改变相适应，而无需对上一级排水水质作出更多的处理。

例如：图 1-4 为串联用水系统，其重复用水量＝串联用水量 1＋串联用水量 2。

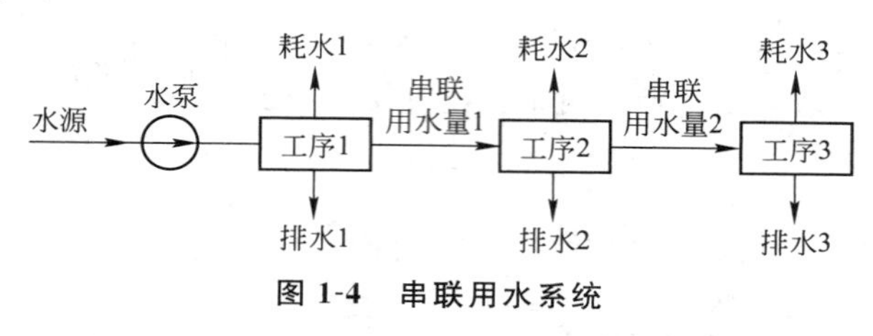

图 1-4 串联用水系统

第三节 工业用水水量

在以往的工业用水节水的水量计量管理工作中，对于各种水量术语不同部门或行业，其说法或解释比较容易混淆。取水量、用水量、耗水量、新水量、消耗新鲜水量、耗新水量等混用，给水量管理和统计造成极大的困难和不便。

为方便工业企业产品取水定额制定和管理，在这里有必要对取水量和新水量、用水量和耗水量等术语之间的区别进行解释和阐述。

一、各种水量的名称

1. 行业管理

在水资源行业管理（如《中国水资源公报》）层面，常用的水量术语有：降水量、地表水资源量、地下水资源量、水资源总量、蓄水总量、浅层地下水储存量；供水量、用水量、用水消耗量、废污水排放量等。

（1）降水量：一定时段内从天空降落到地面上的液态和固态（经融化后）降水，没有经过蒸发、渗透和流失而在水平面上积聚的深度。

以毫米为单位。

(2) 地表水资源量：指河流、湖泊、冰川等地表水体的动态水量，用天然河川径流量表示。

(3) 地下水资源量：指地下饱和含水层逐年更新的动态水量，即降水和地表水体（含河道、湖库、渠系和渠灌田间）入渗对地下水补给量。

(4) 水资源总量：指当地降水形成的地表和地下产水总量，即地表产流量与降水入渗补给地下水量之和。由地表水资源量与地下水资源量相加，扣除两者之间的重复量求得。

(5) 蓄水总量：在一定的时间内，江、河、湖泊、水库内存水的总量。

(6) 浅层地下水储存量：指储存于该含水层内的水的体积。根据储存量的埋藏条件不同，又可分为容积储存量和弹性储存量。地下水的补给和排泄保持相对稳定时，储存量是常量；当补给量减少，会消耗储存量；当补给量增加，储存量也相应增加。

(7) 供水量：指各种水源为用户提供的包括输水损失在内的毛水量之和，按受水区分地表水源、地下水源和其他水源统计。其他水源供水量包括污水处理回用、集雨工程、海水淡化等水源工程的供水量。海水直接利用量不计入总供水量中。

(8) 用水量：指各类用水户取用的包括输水损失在内的毛用水量之和，按生活、工业、农业和生态环境4大类用户统计，不包括海水直接利用量。

① 生活用水：包括城镇生活用水和农村生活用水。其中城镇生活用水由居民用水和公共用水（含第三产业及建筑业等用水）组成。农村生活用水除居民生活用水外，还包括牲畜用水在内。

② 工业用水：指工矿企业在生产过程中，用于制造、加工、冷却、空调、净化、洗涤等方面的用水，按新水取用量计，不包括企业内部的重复利用水量。

③ 农业用水：包括农田灌溉和林、果、草地灌溉及鱼塘补水。

④ 生态环境补水：仅包括人工措施供给的城镇生态环境用水和部分河湖、湿地补水，而不包括降水、径流自然满足的水量。

(9) 用水消耗量：指在输水、用水过程中，通过蒸腾蒸发、土壤吸收、产品带走、居民和牲畜饮用等多种形式消耗掉，而不能回归到地表水体或地下含水层的水量。

① 灌溉用水消耗量为毛用水量与回归地表、地下的水量之差。

② 工业和生活用水消耗量为取水量与废污水排放量及输水的退归水量之差。

（10）废污水排放量：指工业、第三产业和城镇居民生活等用水户排放的水量，但不包括火电直流冷却水排放量和矿坑排水量。

2. 国家标准

为了规范工业用水节水方面的术语和名词，2008年发布了国家标准《工业用水节水　术语》(GB/T 21534—2008)。该标准把相关术语分为：水源、用水类别、水量、评价指标、工艺和设备、综合与管理共计六个方面。

在这里，首先要把水资源的种类搞清楚，由于水资源的紧缺，许多企业为了节水，充分利用再生水、海水和苦咸水等，这些水资源称之为非常规水资源，也即地表水和地下水之外的其他水资源。相对应，那常规水资源也就是陆地上能够得到且能自然水循环不断得到更新的淡水，包括陆地上的地表水和地下水。

国家标准中重点对工业用水环节中涉及的水量概念进行了解释。

（1）取水量

工业企业直接取自地表水、地下水和城镇供水工程以及企业从市场购得的其他水或水的产品的总量。

（2）用水量

在确定的用水单元或系统内，使用的各种水量的总和，即新水量和重复利用水量之和。

① 新水量

企业内用水单元或系统取自任何水源被该企业第一次利用的水量。

② 重复利用水量

在确定的用水单元或系统内，使用的所有未经处理和处理后重复使用的水量的总和，即循环水量和串联水量的总和。

③ 循环水量

在确定的用水单元或系统内，生产过程中已用过的水，再循环用于同一过程的水量。

④ 串联水量

在确定的用水单元或系统，生产过程中产生的或使用后的水量，再用于另一单元或系统的水量。

用水量是指工业企业完成全部生产过程所需要的各种水量的总和，也就是取水量和重复利用水量之和。

一个企业在不改变用水量的情况下，通过增加循环和串联的次数，提高水的重复利用率，可大大降低取水量。只有在没有重复利用水量时，用水量才等于取水量。

用水量的计量往往需要分析企业内部生产过程中用水的流程、计算水的循环和串联次数和流量，得出每个生产单元的用水量后，进行相加。

而取水量的核实不必“深入”企业生产过程中，只需从源头对“进入”企业或某一考核单元的水进行计量，从而大大增加对定额管理中指标的可信度和准确度，简化了考核和验证的工作难度。

（3）耗水量

在确定的用水单元或系统内，生产过程中进入产品、蒸发、飞溅、携带及生活饮用等所消耗的水量。

耗水量是指在生产过程中，由于蒸发、飞散、渗漏、风吹、污泥带走等途径直接消耗的各种水量和直接进入产品的水量。这部分水量从狭义上讲是不能直接回收再利用的水量。

严格地来说，耗水量是取水量减去排水量[完成生产过程后排出核算单元(边界)的水量]。因此不应把取水量称为耗水量，也不应把取水量称为“消耗新鲜水量”、“耗新水量”。同样，把用水量与耗水量混为一谈也是错误的，例如：把某些取水量大、用水量大的工业、行业或企业称为“高耗水工业”、“高耗水行业”“高耗水企业”从理论上说是错误的。

（4）排水量

对于确定的用水单元，完成生产过程和生产活动之后排出企业之外以及排出该单元进入污水系统的水量。

（5）外排水量

完成生产过程和生产活动之后排出企业之外的水量。

(6) 漏失水量

企业供水及用水管网和用水设备漏失的水量。

(7) 外购水量

从企业以外的单位购得的水或水的产品(如软化水、除盐水、蒸汽等)的水量。

(8) 外供水量

企业外供给其他单位的水或水的产品(如软化水、除盐水、蒸汽等)的水量。

(9) 回用水量

企业产生的排水,直接或经处理后再利用于某一用水单元或系统的水量。

(10) 自用水量

在水处理过程中,反冲洗、再生以及其他用途所需用的水量。

专栏:取水、用水的比较

类别	国务院条例	水资源行业管理	国家标准
定义	本条例所称**取水**,是指利用取水工程或者设施直接从江河、湖泊或者地下取用水资源。	**用水量**:指各类用水户取用的包括输水损失在内的毛用水量之和,按生活、工业、农业和生态环境4大类用户统计,不包括海水直接利用量。 **工业用水**:指工矿企业在生产过程中,用于制造、加工、冷却、空调、净化、洗涤等方面的用水,按新水取用量计,不包括企业内部的重复利用水量。	**取水量**:工业企业直接取自地表水、地下水和城镇供水工程以及企业从市场购得的其他水或水的产品的总量。 **用水量**:在确定的用水单元或系统内,使用的各种水量的总和,即新水量和重复利用水量之和。
应用范围	全国层面	全国层面	工业企业
出处	《取水许可和水资源费征收管理条例》(国务院令第460号)	《中国水资源公报》	《工业用水节水　术语》(GB/T 21534—2008)

二、各种水量的关系

在工业用水中涉及许多水量的问题，如用水量、取水量、重复利用水量、冷却水量、工艺水量、锅炉用水量和生活用水量以及消耗水量、渗漏水量、排放水量等。他们之间都存在着一定的数学关系，在制定工业用水定额时，必须将这些水量的概念及他们之间的关系搞清楚。

1. 用水量、取水量和重复利用水量

在工业用水中，取水量和重复利用水量都在用水量范围间，都属用水量中的一个部分，即

取水量＋重复利用水量＝用水量

但在这里需强调一点，就是重复利用水量与取水量必须是等价，即二者的单位水量在使用中起的作用完全相等，其实在实际中重复利用水量的作用会小于取水量，所以必须将其核算到取水量的使用功能上来，否则就会出现很大的偏差。

2. 消耗水量、渗水量和排水量

消耗水量是指在使用中消耗掉的水量。这部分水是不能回收的水量，它包括在使用中蒸发掉的水量，产品带走的水量，或水作为原料已经被产品吸收或转移掉的水量，这些水量消失之后要靠取水量来补充。

另外，溢漏渗水量和正当的排水量，这些水都是以排水污水及渗流水的形式进入环境中去，所以这部分的来源都包括在取水量之中，要靠取水量的补充。

因此：

取水量＝消耗水量＋排放水量

此外，还有冷却水量、工艺水量、锅炉水量与生活水量也都是用水量中的一部分。

所以：

用水量＝冷却水量＋工艺水量＋锅炉水量＋生活水量

由以上还可以得出：

总取水量＝冷却水取水量＋工艺取水量＋
锅炉取水量＋生活取水量

总复用水量＝冷却水复用水量＋工艺水复用水量＋
锅炉复用水量＋生活复用水量

3. 重复利用水量、循环水量和回用水量

重复利用水量：是工业企业内部，生产用水和生活用水中，循环利用和直接或经过处理后回收再利用的水量，即工业企业由所有未经处理或经过处理后重复使用的水量总和。

间接冷却水循环量：一般称为循环水量，指间接冷却水中，从冷却设备流出又进入冷却设备中使用的那部分循环利用的水量。

工艺回用水量：指工艺用水中，从一个设备流出被本设备或其他设备回收利用的那部分水量。

锅炉回用水量：锅炉本身和锅炉水处理用水的回收利用水量。

4. 各种水量的相互关系

工业用水量＝生产用水量＋生活用水量

生产用水量＝间接冷却水用水量＋工艺用水量＋锅炉用水量

生产用水重复利用水量＝间接冷却水循环量＋工艺回用水量＋
锅炉回用水量＋其他用水量

总用水量＝新鲜水用量＋重复利用水量

$$水的重复利用率=\frac{重复利用水量}{总用水量}\times 100\%$$

第四节　工业用水定额

一、概述

用水定额是衡量用水户用水水平、挖掘节水潜力、考核节水成效的科学依据，同时对建立节水型社会，缓解水资源紧缺状况，实现以水资源的可持续利用支持国民经济可持续发展具有十分重要的现实意义。

《中华人民共和国水法》第四十七条明确规定:“国家对用水实行总量控制和定额管理相结合的制度。

省、自治区、直辖市人民政府有关行业主管部门应当制订本行政区域内行业用水定额,报同级水行政主管部门和质量监督检验行政主管部门审核同意后,由省、自治区、直辖市人民政府公布,并报国务院水行政主管部门和国务院质量监督检验行政主管部门备案。”

《取水许可和水资源费征收管理条例》第十六条规定:“按照行业用水定额核定的用水量是取水量审批的主要依据。

省、自治区、直辖市人民政府水行政主管部门和质量监督检验管理部门对本行政区域行业用水定额的制定负责指导并组织实施。

尚未制定本行政区域行业用水定额的,可以参照国务院有关行业主管部门制定的行业用水定额执行。”

总量控制是水资源管理的宏观控制指标,是指各流域、省(自治区、市)、市、县(区、旗)、各部门、各企业、各用水户的可使用的水资源量,也就是水权的初始分配。总量控制这个控制指标,是根据全国、各流域、各省(自治区、市)各市和各县水资源调查评价,在摸清全国可利用水资源量、各流域、省、市、县可利用水资源量和各行、各业、各用水户的用水定额以及现状用水量的基础上,才能确定各地、各行、各业、各用水户的总量控制指标。

定额管理是水资源管理的微观控制指标,是确定水资源宏观控制指标总量控制的基础。定额涉及经济、社会的各行各业和居民生活,要在水平衡测试的基础上确定各行各业、各种单位产品和服务项目的具体用量。有了这两个指标的约束,各地区、各行业、各用水户的每一项工作都有了自己的用水指标,再加上实行计量收费、超定额累进加价的收费制度,就可以在全社会层层建立一种节水激励制度,就能层层落实节水责任。节水与每个单位和个人经济利益挂起钩来,节水型工业、农业、服务业和节水型社会才能建立,才能实现水资源的可持续利用,保障经济社会的可持续发展。

二、用水定额的概念与分类

用水定额(water quota)根据《中国资源科学百科全书》的解释是指“单位时间内,单位产品、单位面积或人均生活所需要的用水量。”

《用水定额编制技术导则(试行)》(水利部,2007年4月)中对用水定额(norm of water intake)的定义是指“一定时期内用水户单位用水量的限定值。包括农业用水定额、工业用水定额、服务业及建筑业用水定额和生活用水定额。”

用水定额是随社会、科技进步和国民经济发展而逐渐变化的。如工业用水定额和农业用水定额因科技进步而逐渐降低,生活用水定额随社会的发展、文化水平的提高而逐渐提高。

用水定额一般可分为工业用水定额、居民生活用水定额和农业灌溉用水定额三部分。

1. 工业用水定额[1)]

工业用水定额是指为提供单位数量的工业产品而规定的必要的用水量,也就是在工业生产中,每完成单位产品所需要的用水量,称为产品用水定额。产品指最终产品或初级产品,对某些行业或工艺(工序),可用单位原料加工量为核算单元。

2. 农业灌溉用水定额

农业灌溉用水定额指某一种作物在单位面积上,各次灌水定额的总和,即在播种前以及全生育期内单位面积的总灌水量,通常以 m^3/hm^2(或 m^3/亩)来表示。

3. 居民生活用水定额

居民生活用水定额包括居民在日常生活中每天消耗的水量,如饮用、洗涤、洗澡、冲厕所等家庭用水,还包括各种公共建筑用水和消防、浇洒道路绿地、环保等市政用水。在农村,还应包括大小牲畜用水量,又称人畜用水定额。因此,城市和农村居民应规定一个合理的生活用水定额,单位为 L/(人·日)。

---

1) 工业习惯用取水定额来代替用水定额。

现行的用水定额体系与分类还很不完善，尚未形成统一的分类标准。近年来，随着对生态环境的日益重视，已把维持生态环境所需的基本水量（如维持河流生命的最小基流量等），称之为生态需水或生态环境用水等。如果把这些生态环境用水科学地规范确定下来，那么就应该称之为生态用水定额。如吉林省用水定额（DB 22/T 389—2004）中就有生态用水定额的部分，分为城市园林及绿化、泡湖、城市湖泊及观赏河道、旱地自然植被和湿地五部分，分别规定了其定额值。

三、工业用水定额分类

1. 定义

工业用水定额是工业产品生产过程中用水多寡的一种数量标准，是指在一定的生产技术管理条件下，生产单位产品或创造单位产值所规定的合理用水的水量标准。

《用水定额编制技术导则》中对工业用水定额（norm of water intake for industry）的定义是指“一定时期内工业企业生产单位产品或创造单位产值的取水量限定值。”

2. 分类

工业用水定额是一个统称，对其可以从四个方面进行划分：

（1）从用水水量性质上划分：可分为取水定额、用水定额、耗水定额和排水定额。

（2）从工业产品形态上划分：可分为产品用水定额、半成品用水定额和原料产品用水定额。

（3）从生产单元考虑：可分为工序用水定额、设备用水定额和车间用水定额。

（4）从定额本身的用途来划分：可分为规划用水定额、设计用水定额、管理用水定额和计划用水定额。

尽管定额的种类很多，但它们的实质是相同的，都是产品生产过程中用水多少程度的水量标准，反映的都是生产和用水之间的关系。

3. 几类定额的含义

（1）工业产品用水定额

工业产品用水定额是指针对用水核算单位制定的,以生产工业产品的单位产量为核算单元的合理用水的标准水量。工业取水定额所指“产品”的含义应广义来理解,可以是最终产品,也可以是中间产品(例如纸浆)或其他形式或性质的产品。对某些行业或工艺(工序),可用单位原料加工量为核算单位。取水核算单位是指完成一种工业产品的单位,依据使用的目的不同,可以在不同的边界内运用定额来进行节水管理。它可以是一个企业,也可以是一个分厂、一个工段和车间。

不同行业、不同产品所需的用水定额相差很大,即使是同一种产品,因设备状况、工艺水平等因素的影响,用水定额也会有较大差别。有时也称之为工业企业产品取水定额。

(2) 取水定额

取水定额是按用水水量性质上划分的一种定额,是用水定额中的主体。取水量定额是国家考核地区、行业和企业用水效率和评价节水水平的主要指标之一,是国家水资源供应和企业水资源计划购入、管理及分配的控制指标,是评价企业合理用水和节约用水技术的指标,是工业企业制定生产计划和水资源供应计划的依据。

(3) 用水定额

用水定额是指生产过程中从原料开始直至最终产品出厂所使用水量的标准,用水量中应包括各种用水量,如循环水量、回用水量、串联用水量等。一般来说,用水量的多少是由原料和加工工艺决定的。

(4) 耗水定额

耗水定额是产品生产过程中水消耗多寡程度的水量标准。它反映了生产过程中消耗水的程度和水平。这种消耗的水从狭义上理解是不能回收利用的水量。

(5) 排水定额

排水定额是产品生产过程中排放水多寡程度的水量指标。它反映了产品生产排放水的程度和水平。

(6) 工业用水规划定额

工业用水规划定额是以满足工业用水规划需要制定的工业用水定额。规划定额主要是工业取水量定额,是为水资源合理配置、开发、利用、节约、保护水资源服务。

(7) 工业用水设计定额

工业用水设计定额是以满足工业项目用水设计的需要制定的工业用水量定额指标。它应该分为取水量定额和用水量定额两个部分。设计定额指标是为具体的工业项目的初步设计服务的,应服从于具体项目的要求,既要保证项目建成运行后的高峰日和高峰时用水量,又要节省项目投资和节约生产用水,其定额指标应低于规划指标,而高于用水指标。该定额指标的目的是控制设计的"能力",而不是控制实际的用水量。

(8) 工业用水管理定额

工业用水管理定额是以满足日常工业用水管理的需要制定的水量标准。例如,企业或车间的取水量定额指标和用水量定额指标。管理定额指标考核的对象不是用水设施的能力,而是工业企业实际的用水和节水量,所以应严于设计定额指标。

第五节　工 业 节 水

一、工业节水技术的范畴

工业节水技术是指可提高工业用水效率和效益、减少水损失、能替代常规水资源等技术。它包括直接节水技术和间接节水技术。

(1) 直接节水技术是指直接节约用水,减少水资源消耗的技术。

(2) 间接节水技术是指本身不消耗水资源或者说不用水,但能促使降低水资源的消耗的技术。

技术往往是相关联的,大多数节水技术也是节能技术、清洁生产技术、环保技术、循环经济技术。发展节水技术对促进节能、清洁生产、减少污水排放保护水源和发展循环经济有重大作用。

“节水技术”是广义的，应该包括节水工艺、节水设备和节水产品等。节水工艺包括改变生产原料、改变生产工艺和设备或用水方式，采用无水生产等三方面内容。此处所称“无水生产”是指产品生产过程中无需生产用水的生产方法、工艺或设备。无水生产是最节水的方式，是工业节水的一种理想状态。

节水工艺是比提高水重复利用更高水平的节水的途径。但是，发展节水工艺需要改变生产工艺，涉及面广。通常对老企业实行工艺节水往往不如提高水的重复利用率更简便。但对新、改建的企业，采用工艺节水技术比单纯进行水的循环利用和回用更为方便与合理。因此，称它是更高层次的源头节水技术。

发展工业节水技术的根本途径是大力发展节水工艺、淘汰非节水工艺。节水工艺是从根本上降低单位产品取水量的重要途径。目前，企业间由于技术水平不同，单位产品取水量差别很大。有些企业对发展节水工艺重视不够，投入的人力物力不足，致使发展缓慢。

二、工业节水指标

政府职能的转变要求对企业节水的监督管理工作重点从对企业生产过程的用水管理转移到取水这一源头的管理，通过取水定额的宏观管理，来推动企业生产这一微观过程中合理用水。同时，取水量相对用水量和重复利用率等指标更易考核和验证。因此，定额的主体指标应是工业生产过程中的单位产品取水量。

制定单位产品取水量定额的对象是：凡是工业产品生产直接或间接与用水量、取水量发生关系，又可进行计量考核的，都可根据实际需要编制规定用水或取水定额。

1. 单位产品取水量

根据国家标准《工业企业产品取水定额编制通则》(GB/T 18820—2011)，**单位产品取水量是指**：“企业生产单位产品需要从各种常规水资源提取的水量”。注意，这里指的是常规水资源。

用单位(数量)产品取水量更有可比性，这是因为同一类产品的单价由于受到品质、市场供求关系等多个因素影响，在时间和空间上存在波动和差异。为了便于同一类产品在全国范围内的对比，使用单位（数量）产品取水量（如每吨钢、每吨油等），而不是单位产值取水量为定额指标。

单位产品取水量按式（1-1）计算：

$$V_{ui}=\frac{V_i}{Q} \tag{1-1}$$

式中：

V_{ui}——单位产品取水量，单位为立方米每单位产品；

V_i——在一定的计量时间内，生产过程中常规水资源的取水量总和，单位为立方米（m^3）；

Q——在一定计量时间内产品产量。

单位产品取水定额取水量包括取自：

① 自取的地表水（以净水厂供水计量）；

② 自取的地下水；

③ 城镇供水工程；

④ 企业从市场购得的其他水或水的产品（如蒸汽、热水、地热水等）。

单位产品取水定额取水量不包括：企业自取的苦咸水、海水等以及企业外供给市场的水和水的产品而所取的水量。

2. 单位产品用水量

根据国家标准《工业企业产品取水定额编制通则》（GB/T 18820—2011），单位产品用水量定义为："企业生产单位产品的总用水量，其总用水量为单位产品取水量、单位产品非常规水资源取水量和重复利用水量之和"。注意，这里的取水量也包括了非常规水资源，即所有水资源的取水量。

工业生产的用水量，包括主要生产用水、辅助生产（包括机修、运输、空压站等）用水和附属生产用水（包括绿化、浴室、食堂、厕所、保健站等），不包括非工业生产单位的用水量（如基建用水、厂内居民家庭用水和企业附属幼儿园、学校、对外营业的浴室、游泳池等的用水量)和居民生活用水量。

3. 重复利用率

重复利用率的定义:在一定的计量时间内,生产过程中使用的重复利用水量与总用水量的百分比。

计算重复利用率的关键在于重复利用水量的计量。工业生产的重复利用水量是指工业企业内部,循环利用的水量和直接或经处理后回收再利用的水量,即工业企业中所有未经处理或处理后重复使用的水量总和,包括循环用水量、串联用水量和回用水量。

需特别注意的是:经处理后回收再利用的水量应包括经企业通过自建污水处理设施,对达标外排污(废)水进行资源化后,回收利用的水量,所以这部分水量仍属于企业的重复利用水量。

4. 万元产值用水量

万元产值用水量是指在一定计量时间(年)内,工业生产中,每生产一万元产值的产品需要的用水量。这是一项综合性的考核指针,它从宏观上评价企业、工业部门、城市、国家的工业用水效益水平。

用式(1-2)计算:

$$\text{万元产值用水量}(\mathrm{m}^3/\text{万元})=\frac{\text{用水量}}{\text{产值(不变价或现价)}} \tag{1-2}$$

万元产值用水量与单位产值用水量是一个指标,只不过是两种叫法。

小提示:
不变价格:是指在计算不同时期的总产值时,采用同一时期或同一时点的工业产品出厂价格。 采用不变价格计算产值,主要是用以消除不同时期价格变动的影响,以保证计算工业发展速度时可比。

5. 万元工业增加值用水量

万元工业增加值用水量指的是在工业生产中,每生产一万元工业增加值需要的用水量。该指标是水资源公报中考核工业用水节水的主要指标之一。

增加值是在一定时期内（年）所有企业或生产单位在生产活动过程中新增加的价值，等于总产值扣除中间投入价值后的余额。增加值已成为考核国民经济各部门生产成果的代表性指标，并作为分析产业结构和计算经济效益指标的重要依据。

第二章　工业用水节水的概况

第一节　用水结构概况

一、用水结构及其划分

用水结构又称用水构成，是指一定时期某水系统中各类用水水量组成。

用水系统是在水资源需求上互相作用或互相联系的若干组成部分组合而成的具有特定功能的整体。

分析用水结构，是研究水资源和节约用水问题的重要基础工作之一。

用水系统和结构有多种划分方式：

① 按地域划分(如按国家划分或按流域范围划分)；

② 按国民经济部门划分；

③ 按生产行业或企业划分；

④ 按用水或生产用水的性质划分；

⑤ 按用水方式划分；

⑥ 按供水水源划分。

二、历年用水结构及其变化

我国水资源管理部门习惯上把用水按农业用水、工业用水、城镇生活用水和农村生活用水来统计，后来又增加了对生态环境用水的统计。

我国历年用水结构及其变化情况，见表 2-1。

表 2-1　我国历年用水结构状况

年份	用水总量/亿 m^3	人均用水量/m^3	万元国内生产总值用水量[1)]/m^3	农业用水量		工业用水量		城镇生活用水量		农村生活用水量	
				总量/亿 m^3	占总量/%	总量/亿 m^3	占总量/%	总量/亿 m^3	占总量/%	总量/亿 m^3	占总量/%
1949	1 031	190		956	92.7	24	2.3	6	0.6	45	4.4
1957	2 048	317				96	4.7	14	0.7		
1965	2 744	378				181	6.6	18	0.7		
1980	4 436	452	9 820	3 699	83.4	457	10.3	68	1.5	213	4.8
1985	4 984	471	5 560	4 103	86.7	597	12.0	64	1.3		
1990	5 411	473	2 917	4 434	85.8	663	12.3	84	1.6		
1993	5 198	443	1 501	3 874	74.5	906	17.4	182	3.5	238	4.6
1997	5 566	458	726	3 920	70.4	1 121	20.1	247	4.4	278	5.0
1998	5 435	435	683	3 766	69.3	1 125	20.7	255	4.7	288	5.3
1999	5 591	440	680	3 869	69.2	1 159	20.7	267	4.8	296	5.3
2000	5 498	430	610	3 784	68.8	1 139	20.7	284	5.2	291	5.3
2001	5 567	436	580	3 825	68.7	1 141	20.5	306	5.5	295	5.3
2002	5 497	428	537	3 738	68.0	1 143	20.8	319	5.8	297	5.4
2003	5 320	412	448	3 433	64.5	1 177	22.1	生活用水合计 633 亿 m^3，占 11.9%			
2004	5 548	427	399	3 586	64.6	1 229	22.2	361	6.5	290	5.2
2005	5 633	432	304	3 580	63.6	1 285	22.8	381	6.8	294	5.2
2006	5 795	442	272	3 664	63.2	1 344	23.2	398	6.9	296	5.1
2007	5 819	442	229	3 599	61.9	1 404	24.1	生活用水合计 710 亿 m^3，占 12.2%			
2008	5 910	446	193	3 663	62.0	1 397	23.7	生活用水合计 729 亿 m^3，占 12.3%			

表 2-1(续)

年份	用水总量/亿 m^3	人均用水量/m^3	万元国内生产总值用水量[1)]/m^3	农业用水量		工业用水量		城镇生活用水量		农村生活用水量	
				总量/亿 m^3	占总量/%	总量/亿 m^3	占总量/%	总量/亿 m^3	占总量/%	总量/亿 m^3	占总量/%
2009	5 965	448	178	3 723	62.4	1 391	23.3	生活用水合计 748 亿 m^3,占 12.6%			
2010	6 022	450	150	3 689	61.3	1 447	24.0	生活用水合计 766 亿 m^3,占 12.7%			

资料来源:
(1)《中国水资源公报》;
(2) 全国节约用水办公室.全国节水规划纲要及其研究.南京:河海大学出版社,2003。
[1)] 按当年价格计算。

从表 2-1 可见,从 1997 年以来我国工业用水占总用水量的百分比基本维持在 20%左右,从 2003 年以来略有增高,2010 年为 24.0%。

生活用水(表中城镇生活用水与农村生活用水相加)占总用水量的比例则是逐年有所提高,1993 年为 8.1%;1997 年为 9.4%;1998 年~2001 年为 10.0%~10.8%;2002 年~2004 年为 11.2%~11.9%;2005 年~2010 年为 12.0%~12.7%。

农业用水占总用水量的比例则是逐年有所降低,20 世纪 80 年代为 80%以上;90 年代为 70%以上;进入 21 世纪的 10 年中为 60%多,其中 2010 年为最低,降到 61.3%。

第二节 工业用水量变化与工业用水效率

一、历年工业用水量的变化

我国工业用水量(不含工业的重复用水量,工业取水量等于工业用水量,下同)由逐年快速增长过渡到近年的缓慢增长。1949 年为 24 亿 m^3,仅占总用水量的 2.3%。随着国民经济的发展,需水量迅速增加,工业用水量也迅速增加。由于加大了节水力度,工业用水量从 1993 年至 1999 年均增长 4.2%,1999 年至 2002 年年均零增长。

2004 年与 2003 年比较，工业取水量增加 52 亿 m^3（其中火电增加 48.2 亿 m^3）；2006 年与 2005 年比较增加 59 亿 m^3（其中火电增加 21.0 亿 m^3）；2007 年～2009 年用水量逐渐降低，2010 年比 2009 年增加 56 亿 m^3。

我国历年工业用水状况，见表 2-2。

表 2-2　我国历年工业用水状况

年代	工业用水量/亿 m^3	年代	工业用水量/亿 m^3
1949	24	2001	1 141
1957	96	2002	1 143
1965	181	2003	1 177
1980	457	2004	1 229
1985	597	2005	1 285
1990	663	2006	1 344
1993	906	2007	1 404
1997	1 121	2008	1 397
1998	1 125	2009	1 391
1999	1 159	2010	1 447
2000	1 139		

注：数据来源同表 2-1。

二、“十一五”工业节水完成情况

1. “十一五”工业节水目标

国家发展和改革委员会、水利部、建设部发布的《“十一五”节水型社会建设规划》提出的工业节水目标为：“单位工业增加值用水量从 2005 年的 169 m^3/万元降低到 115 m^3/万元；到 2010 年，单位工业增加值取水量低于 115 m^3/万元以下，比 2005 年降低 30%以上；高用水行业主要产品单位用水量指标总体达到或接近 20 世纪 90 年代初期国际先进水平，其中大型企业达到本世纪初国际先进水平。”（见表 2-3）。

表 2-3　高用水工业行业主要节水指标

工业行业	单位产品（增加值）取水量		
	单位	2005 年	2010 年
火力发电（不计直流冷却用水）	m^3/（万 kW·h）	31.0	28
石油石化	m^3/加工吨原油	1.11	1.0
钢铁	m^3/吨钢	8.6	8.0
纺织	m^3/万元	191	153
造纸	m^3/吨纸	103	85
化工	m^3/万元	159	105
食品	m^3/万元	178	130

2. “十一五”工业节水指标完成情况

“十一五”期间，全国水资源利用效率显著提高，超额完成了全国万元产值用水量下降 20％和万元工业增加值用水量下降 30％的规划目标。

全国主要节水指标完成情况（含工业部分），见表 2-4。

表 2-4　全国主要节水指标完成情况

指标	2005 年	2010 年（目标）		2010 年（实际达到）	
		绝对值	相对值	绝对值	相对值
万元产值用水量/m^3	304	低于 240	下降 20％	192	下降 36.8％
万元工业增加值用水量/m^3	169	低于 115	下降 30％	105	下降 37.9％
农田灌溉用水有效利用系数	0.45	0.5		0.5	
注：表中指标采用 2005 年不变价计算。					

“十一五”期间，加大了工业结构调整和企业节水技术改造力度，

严格控制高用水、高污染工业发展规模，逐步淘汰落后的高用水高污染产品、设备和工艺，积极发展低耗水、高附加值的产业，节水型工业结构逐步建立。对火力发电、石油石化、钢铁、纺织、造纸、化工、食品等高用水工业进行了节水技术改造，新型工业园区普遍发展和推广了循环用水和串联用水系统，积极推行废污水“零排放”。

三、“十一五”工业用水效率概况

党中央、国务院高度重视工业节水工作。“十一五”期间，制定了一系列促进工业节水的方针政策，各行业、各地方采取有效的措施，积极开展节约用水工作，有力地促进了工业领域水资源利用效率和效益的提高，工业节水工作取得了显著的进展。

1. 工业用水特点

随着我国工业化、城镇化进程的加快，“十一五”期间我国工业发展迅速，规模以上工业总产值由2006年的32万亿元增长到2010年的70万亿元，增幅达120%；规模以上工业万元产值取水量则由42.5 m^3下降到2010年的20.7 m^3，降幅达51%。通过统计数据可以看出（见表2-5、表2-6），我国工业用水呈现如下特点。

（1）工业用水总量变化不大。2010年，我国工业用水量为1 447亿m^3，较2006年增长不到8%，“十一五”期间工业用水占全国总用水的比例基本稳定在24%以内。

（2）工业用水效率显著提高。2010年，我国万元工业增加值取水量为90 m^3，按可比价计算，较2006年累计下降39%，超额完成《“十一五”规划纲要》中提出的约束性指标。2010年，我国工业用水重复利用率达到85.7%，较2006年提高5个百分点，火力发电、钢铁等行业的工业用水重复利用率达到97%左右，接近世界先进水平，用水效率大幅提高。

（3）非常规水源利用量不断增加。“十一五”以来，我国各工业行业重视对再生水、海水、矿井水等非常规水源的利用。火力发电、钢铁等高用水行业因地制宜，大力发展海水、苦咸水淡化技术，使得工业用水中的非常规水源利用量逐步增长。

（4）工业废水排放量略有下降。2010年，我国工业废水排放量237.5亿m^3，占废水排放总量的38.5%，与2006年的240.2亿m^3、占废水排放总量的44.7%相比，均有一定程度的下降。2010年，工业废水达标排放率95.3%，较2006年的92.1%，提高超过4个百分点。

表2-5　2006年～2010年全国工业用水情况(规模以上)

年代	取水			排水		
	总取水量/亿m^3	工业取水量/亿m^3	占比/%	废水排放总量/亿m^3	工业废水排放量/亿m^3	占比/%
2006	5 795	1 344	23.2	536.8	240.2	44.7
2007	5 819	1 404	24.1	556.8	246.6	44.3
2008	5 910	1 397	23.7	571.7	241.7	42.3
2009	5 965	1 391	23.3	589.7	234.5	39.8
2010	6 022	1 447	24.0	617.3	237.5	38.5
数据来源：国家统计局《中国统计年鉴》(2007—2011)、水利部《水资源公报》(2006—2010)、环境保护部《中国环境统计公报》(2006—2010)。						

表2-6　2006年～2010年全国工业用水效率指标

年份	达标排放率/%	工业用水重复利用率/%	万元产值用水量下降率/%	万元工业增加值用水量下降率/%
2006	92.1	80.6	7.0	7.0
2007	91.7	82.0	10.0	8.0
2008	92.4	83.8	7.0	9.0
2009	94.2	85.0	7.0	8.0
2010	95.3	85.7	9.0	7.0
注：国家万元产值用水量下降率和万元工业增加值用水量下降率为可比价。				

2. “十一五”提升工业用水效率的主要举措

“十一五”以来，围绕坚持开源节流并重、节约为主的方针，以提高工业用水效率为核心，以水资源紧缺、供需矛盾突出的地区和高用水行业为重点，通过加强科技进步和技术创新，加大结构调整和改造力度，强化监督管理，工业节水工作取得了显著成效，企业节水意识、能力和水平不断增强，为节水型工业、节水型社会建设奠定了坚实的基础。

（1）工业节水政策制度和标准体系日趋完善

“十一五”期间，工业在实行用水总量控制和定额管理、加强取水许可和水资源论证、建立健全节水减排机制、标准体系建设等方面取得实质性进展。2006 年 12 月，《节水型社会“十一五”规划》的出台，为“十一五”工业节水工作的开展提出了具体目标和要求；2010 年 5 月，《工业和信息化部关于进一步加强工业节水工作的意见》（工信部节[2010]218 号）的发布，有针对性地指出当前工业节水工作的思路和重点；2010 年 12 月 31 日，《中共中央国务院关于加快水利改革发展的决定》（中发[2011]1 号）将节水工作提升到国家战略高度，实行最严格的水资源管理制度，特别是确立用水效率控制红线。

通过开展节水标准体系建设，相继出台了工业节水领域的国家标准 30 余项，涉及术语、水平衡测试、计量统计、管理、评价、取水定额、产品水效等多个方面，全国 30 个省级行政区工业用水定额指标体系基本建立。此外，规范了工业用水取水许可申请、受理、审查、审批的管理程序，工业建设项目水资源论证深入实施，运用价格杠杆促进工业节水的机制初步建立。

（2）工业节水技术改造和创新力度不断增强

“十一五”以来，通过加大工业结构调整和企业节水技术改造力度，严格控制高用水、高污染工业发展规模，逐步淘汰落后的高用水高污染产品、设备和工艺，积极发展低耗水、高附加值的产业，节水型工业结构逐步建立。

火力发电、石油石化、钢铁、纺织、造纸、化工、食品等高用水工业大力开展节水技术改造，新型工业园区普遍发展和推广循环用水和串联用水系统，积极推行废污水“零排放”。各地相继实施了一批非常规水源利用工程，非常规水源利用量快速增长。实施了《中国节水技术政策大纲》,推动重大节水技术、产品研发和推广。

(3) 工业节水宣传推广和示范试点逐步推进

节水宣传教育不断强化,企业广泛开展了节水宣传活动,参与节水型企业建设的主动性和积极性有很大提高。全国各地节水试点工作取得明显效果,带动了节水型企业和节水型工业建设向深层次、全方位发展。

第三节 工业节水技术

为指导节水技术开发和推广应用,推动节水技术进步,提高用水效率和效益,促进水资源的可持续利用,国家发展和改革委员会、科技部、水利部、建设部、农业部于2005年联合发布了《中国节水技术政策大纲》(以下简称《大纲》)。《大纲》以2010年前推行的节水技术、工艺和设备为主,相应考虑中长期的节水技术。

《大纲》共包括五部分,即总论、农业节水、工业节水、城市生活节水、发展节水技术的保障措施。《大纲》按照"实用性"原则,从我国实际情况出发,根据节水技术的成熟程度、适用的自然条件、社会经济发展水平、成本和节水潜力,采用"研究"、"开发"、"推广"、"限制"、"淘汰"、"禁止"等措施指导节水技术的发展。重点强调对那些用水效率高、效益好、影响面大的先进适用节水技术的研发与推广。

《大纲》所称节水技术是指可提高水利用效率和效益、减少水损失、能替代常规水资源等技术,包括直接节水技术和间接节水技术,有些也是节能技术、清洁生产技术和环保技术。

《大纲》中对工业节水技术分为九类。

1. 工业用水重复利用技术

大力发展和推广工业用水重复利用技术,提高水的重复利用率是工业节水的首要途径。

(1) 大力发展循环用水系统、串联用水系统和回用水系统。推进企业用水网络集成技术的开发与应用,优化企业用水网络系统。鼓励在新建、扩建和改建项目中采用水网络集成技术。

（2）发展和推广蒸汽冷凝水回收再利用技术。优化企业蒸汽冷凝水回收网络，发展闭式回收系统。推广使用蒸汽冷凝水的回收设备和装置，推广漏气率小、背压度大的节水型疏水器。优化蒸汽冷凝水除铁、除油技术。

（3）发展外排废水回用和“零排放”技术。鼓励和支持企业外排废（污）水处理后回用，大力推广外排废（污）水处理后回用于循环冷却水系统的技术。在缺水以及生态环境要求高的地区，鼓励企业应用废水“零排放”技术。

2. 冷却节水技术

发展高效冷却节水技术是工业节水的重点。

（1）发展高效换热技术和设备。

推广物料换热节水技术，优化换热流程和换热器组合，发展新型高效换热器。

（2）鼓励发展高效环保节水型冷却塔和其他冷却构筑物。优化循环冷却水系统，加快淘汰冷却效率低、用水量大的冷却池、喷水池等冷却构筑物。推广高效新型旁滤器，淘汰低效反冲洗水量大的旁滤设施。

（3）发展高效循环冷却水处理技术。在敞开式循环间接冷却水系统，推广浓缩倍数大于 4 的水处理运行技术；逐步淘汰浓缩倍数小于 3 的水处理运行技术；限制使用高磷锌水处理技术；开发应用环保型水处理药剂和配方。

（4）发展空气冷却技术。在缺水以及气候条件适宜的地区推广空气冷却技术。鼓励研究开发运行高效、经济合理的空气冷却技术和设备。

（5）在加热炉等高温设备推广应用汽化冷却技术。应充分利用汽、水分离后的汽。

3. 热力和工艺系统节水技术

工业生产的热力和工艺系统用水分为锅炉给水、蒸汽、热水、纯水、软化水、脱盐水、去离子水等，其用水量居工业用水量的第二位，仅次于冷却用水。节约热力和工艺系统用水是工业节水的重要组成部分。

（1）推广生产工艺（装置内、装置间、工序内、工序间）的热联合技术。

（2）推广中压产汽设备的给水使用除盐水、低压产汽设备的给水使用软化水。推广使用闭式循环水汽取样装置。研究开发能够实现“零排放”的热水锅炉和蒸汽锅炉水处理技术、锅炉气力排灰渣技术和“零排放”无堵塞湿法脱硫技术。

（3）发展干式蒸馏、干式汽提、无蒸汽除氧等少用或不用蒸汽的技术。优化蒸汽自动调节系统。

（4）优化锅炉给水、工艺用水的制备工艺。鼓励采用逆流再生、双层床、清洗水回收等技术降低自用水量。研究开发锅炉给水、工艺用水制备新技术、新设备，逐步推广电去离子净水技术。

4. 洗涤节水技术

在工业生产过程中洗涤用水分为产品洗涤、装备清洗和环境洗涤用水。

（1）推广逆流漂洗、喷淋洗涤、汽水冲洗、气雾喷洗、高压水洗、振荡水洗、高效转盘等节水技术和设备。

（2）发展装备节水清洗技术。推广可再循环再利用的清洗剂或多步合一的清洗剂及清洗技术；推广干冰清洗、微生物清洗、喷淋清洗、水汽脉冲清洗、不停车在线清洗等技术。

（3）发展环境节水洗涤技术。推广使用再生水和具有光催化或空气催化的自清洁涂膜技术。

（4）推广可以减少用水的各类水洗助剂和相关化学品。开发各类高效环保型清洗剂、微生物清洗剂和高效水洗机。开发研究环保型溶剂、干洗机、离子体清洗等无水洗涤技术和设备。

5. 工业给水和废水处理节水技术

（1）推广使用新型滤料高精度过滤技术、汽水反冲洗技术等降低反洗用水量技术。推广回收利用反洗排水和沉淀池排泥水的技术。

（2）鼓励在废水处理中应用臭氧、紫外线等无二次污染消毒技术。开发和推广超临界水处理、光化学处理、新型生物法、活性炭吸附法、膜法等技术在工业废水处理中的应用。

6. 非常规水资源利用技术

(1) 发展海水直接利用技术。在沿海地区工业企业大力推广海水直流冷却和海水循环冷却技术。

(2) 积极发展海水和苦咸水淡化处理技术。实施以海水淡化为主,兼顾卤水制盐以及提取其他有用成分相结合的产业链技术,提高海水淡化综合效益。通过扩大海水淡化装置规模、实施能量回收等技术降低海水淡化成本。发展海水淡化设备的成套化、系列化、标准化制造技术。

(3) 发展采煤、采油、采矿等矿井水的资源化利用技术。推广矿井水作为矿区工业用水和生活用水、农田用水等替代水源应用技术。

7. 工业输用水管网、设备防漏和快速堵漏修复技术

降低输水管网、用水管网、用水设备(器具)的漏损率,是工业节水的一个重要途径。

(1) 发展新型输用水管材。限制并逐步淘汰传统的铸铁管和镀锌管,加速发展机械强度高、刚性好、安装方便的水管。发展不泄漏、便于操作和监控、寿命长的阀门和管件。

(2) 优化工业供水压力、液面、水量控制技术。发展便捷、实用的工业水管网和设备(器具)的检漏设备、仪器和技术。

(3) 研究开发管网和设备(器具)的快速堵漏修复技术。

8. 工业用水计量管理技术

工业用水的计量、控制是用水统计、管理和节水技术进步的基础工作。

(1) 重点用水系统和设备应配置计量水表和控制仪表。完善和修订有关的各类设计规范,明确水计量和监控仪表的设计安装及精度要求。重点用水系统和设备应逐步完善计算机和自动监控系统。

(2) 鼓励和推广企业建立用水和节水计算机管理系统和数据库。

(3) 鼓励开发生产新型工业水量计量仪表、限量水表和限时控制、水压控制、水位控制、水位传感控制等控制仪表。

9. 重点节水工艺

节水工艺是指通过改变生产原料、工艺和设备或用水方式，实现少用水或不用水。它是更高层次（节水、节能、提高产品质量等）的源头节水技术。

（1）大力发展和推广火力发电、钢铁、电石等工业干式除灰与干式输灰（渣）、高浓度灰渣输送、冲灰水回收利用等节水技术和设备以及冶炼厂干法收尘净化技术。

（2）推广燃气-蒸汽联合循环发电、洁净煤燃烧发电技术。研究开发使用天然气等石化燃料发电等少用水的发电工艺和技术。

（3）推广钢铁工业融熔还原等非高炉炼铁工艺，开发薄带连铸工艺。推广炼焦生产中的干熄焦或低水分熄焦工艺。

（4）鼓励加氢精制工艺，淘汰油品精制中的酸碱洗涤工艺。

（5）发展合成氨生产节水工艺。

采用低能耗的脱碳工艺替代水洗脱除二氧化碳、低热耗苯菲尔工艺和 MDEA 脱碳工艺；推广全低变工艺、NHD 脱硫、脱碳的气体净化工艺；发展以天然气为原料制氨；推广醇烃化精制及低压低能耗氨合成系统；以重油为原料生产合成氨，采用干法回收炭黑。

（6）发展尿素生产节水工艺。在新建装置推广采用 CO_2 和 NH_3 汽提工艺。推广水溶液全循环尿素节能节水增产工艺。中、小型尿素装置推广尿素废液深度水解解吸工艺。

（7）推广甲醇生产低压合成工艺。

（8）发展烧碱生产节水工艺。推广离子膜法烧碱，采用三效逆流蒸发改造传统的顺流蒸发。推广万吨级三效逆流蒸发装置和高效自然强制循环蒸发器。

（9）发展纯碱生产节水工艺。氨碱法工厂推广真空蒸馏、干法加灰技术。

（10）发展硫酸生产酸洗净化节水工艺和新型换热设备，逐步淘汰水洗净化工艺和传统的铸铁冷却排管。

（11）发展纺织生产节水工艺。推广使用高效节水型助剂；推广使用生物酶处理技术、高效短流程前处理工艺、冷轧堆一步法前处理工艺、染色一浴法新工艺、低水位逆流漂洗工艺和高温高压小浴比液流染色工艺及设备；研究开发高温高压气流染色、微悬浮体染整、低温等离子体加工工艺及设备。

鼓励纺织印染加工企业采用天然彩棉等节水型生产原料，推广天然彩棉新型制造技术。

（12）发展造纸工业化学制浆节水工艺。推广纤维原料洗涤水循环使用工艺系统；推广低卡伯值蒸煮、漂前氧脱木素处理、封闭式洗筛系统；发展无元素氯或全无氯漂白，研究开发适合草浆特点的低氯漂白和全无氯漂白，合理组织漂白洗浆滤液的逆流使用；推广中浓技术和过程智能化控制技术；发展提高碱回收黑液多效蒸发站二次蒸汽冷凝水回用率的工艺。发展机械浆、二次纤维浆的制浆水循环使用工艺系统；推广高效沉淀过滤设备白水回收技术，加强白水封闭循环工艺研究；开发白水回收和中段废水二级生化处理后回用技术和装备。

（13）发展食品与发酵工业节水工艺。根据不同产品和不同生产工艺，开发干法、半湿法和湿法制备淀粉取水闭环流程工艺。推广脱胚玉米粉生产酒精、淀粉生产味精和柠檬酸等发酵产品的取水闭环流程工艺。推广高浓糖化醪发酵（酒精、啤酒、味精、酵母、柠檬酸等）和高浓母液（味精等）提取工艺。推广采用双效以上蒸发器的浓缩工艺。淘汰淀粉质原料高温蒸煮糊化、低浓度糖液发酵、低浓度母液提取等工艺。研究开发啤酒麦汁一段冷却、酒精差压蒸馏装置等。

（14）发展油田节水工艺。推广优化注水技术，减少无效注水量。对特高含水期油田，采取细分层注水，细分层堵水、调剖等技术措施，控制注入水量。推广先进适用的油田产出水处理回注工艺。对特低渗透油田的采出水，推广精细处理工艺。注蒸汽开采的稠油油田，推广稠油污水深度处理回用注汽锅炉技术。研发三次采油采出水处理回用工艺技术。推广油气田施工和井下作业节水工艺。

（15）发展煤炭生产节水工艺。推广煤炭采掘过程的有效保水措施，防止矿坑漏水或突水。开发和应用对围岩破坏小、水流失少的先进采掘工艺和设备。开发和应用动筛跳汰机等节水选煤设备。开发和应用干法选煤工艺和设备。研究开发大型先进的脱水和煤泥水处理设备。

(16) 推广水泥窑外分解新型干法生产新工艺，逐步淘汰湿法生产工艺。

第四节 “十二五”工业节水的目标和举措

一、“十二五”工业节水目标

《节水型社会建设“十二五”规划》中对工业节水提出，要严格实行总量控制和定额管理，以水资源紧缺、供需矛盾突出的地区和高用水行业为重点，加强技术创新，加大结构调整和技术改造力度，全面提升工业节水能力和水平。缺水地区高用水建设项目严格得到限制。具体目标是单位工业增加值用水量从2010年的90 m^3/万元降低到2015年的63 m^3/万元，比2010年降低30%以上；主要高用水行业产品单位取水量指标达到或接近国际先进水平(见表2-7)。

表2-7 “十二五”高用水工业行业主要节水指标

工业行业	单位产品(增加值)取水量		
	单位	2010年	2015年
火力发电 (不计直流冷却用水)	m^3/(MW·h)	2.8	2.5
石油石化(石油炼制)	m^3/t原油	1.0	0.75
钢铁(普钢重点企业)	m^3/t钢	4.1	4.0
纺织 (棉、麻、化纤及混纺织物)	m^3/hm	3.0	2.0
纺织 (棉、麻、化纤及混纺织物及纱线)	m^3/t	150	100
造纸(纸浆)	m^3/t	85	70
化工	m^3/万元	105	75
食品(40个主要行业平均值)	m^3/万元	50	40

二、“十二五”工业节水重点任务和针对性措施

1. 促进工业结构调整和发展方式转变

各地区要根据水资源条件和工业发展水平，通过加强用水总量控制与定额管理、严格实行水资源论证等措施，限制高用水、高排放、低效率、产能过剩行业盲目发展，科学引导和促进工业结构、工业布局合理调整。资源型缺水地区、生态环境脆弱地区、地下水超采地区要严格控制新上高用水工业项目。

2. 大力推动节水型企业建设

积极开展节水型企业创建活动，树立一批行业示范典型。工业企业特别是高用水企业要根据国家和地方节水规划及用水定额的要求，把节水工作贯穿于企业管理、生产全过程，制定企业节水目标、节水计划，通过强化管理、加强技术改造、开展水平衡测试等措施，挖掘节水潜力，提高用水效率。中央企业集团要积极率先创建节水示范企业和污水“零排放”企业。

3. 积极推进工业园区节水

加快建立节水和废水处理回用专业技术服务支撑体系，鼓励高新技术开发区、经济技术开发区、工业园区推行清洁生产技术。园区统一供水，各企业采用高效、安全、可靠的节水工艺，降低单位产品取水量。企业间实现串联用水。园区废水集中处理后再生回用，从源头和全过程控制污染物产生和排放，加强废水综合处理，实现废水资源化。

4. 加快高用水重点行业节水技术改造

重点抓好火力发电、石油石化、钢铁、纺织、造纸、化工、食品等高用水重点行业节水技术改造，积极研发和大力推广少用水和不用水的节水生产工艺技术和设备，提高工业用水循环利用率，降低单位产品取水量。

(1) **火力发电行业。**鼓励使用海水、矿井水、再生水等非常规水源。推广浓浆成套输灰、干除灰、冲灰水回收利用等节水技术和设备。西北、华北等地区新建电厂应优先利用非常规水源，必须采用空气冷却技术。

(2) **石油石化行业。** 重点是系统节水改造，回收工艺冷凝水、蒸汽凝结水，减少循环冷却补充水。推广串级用水或处理净化回用技术。推广应用采油污水处理的高效水质净化与稳定、反渗透水处理等污水深度处理回用技术。开发循环冷却水高浓缩技术等。

(3) **钢铁行业，含黑色金属矿采选业、黑色金属冶炼及压延等行业。** 提高废水处理回用能力、实施系统节水技术改造、加大非常规水源利用力度。推广干法除尘、干熄焦、干式高炉炉顶余压发电(TRT)、清污分流、循环串级供水技术、废水膜处理回用技术等，开发和推广高氨氮及高化学需氧量(COD)等废水处理及含油(泥)、高盐废水处理回用和酸洗液回收利用技术。

(4) **纺织行业。** 推广喷水织机废水回用技术、清洁制溶解浆(浆粕)技术、缫丝废水循环利用技术、高效节能复洗技术、冷轧堆前处理加工技术、化学纤维原液染色技术、毛团及散纤维小浴比低温染色技术、气流染色技术和数字化丝光机技术等。

(5) **造纸行业，含造纸、纸浆及纸制品等。** 推广连续蒸煮、多段逆流洗涤、封闭式洗筛系统、氧脱木素、无元素氯或全无氯漂白、中高浓技术和过程智能化控制技术、制浆造纸水循环利用技术、各类污冷凝水处理回用技术，以及高效沉淀过滤设备、多圆盘过滤机、超效浅层气浮净水器等设备。

(6) **化工行业，含化学原料及化学制品、医药、化学纤维、橡胶制品等。** 发展、推广循环用水系统、串联用水系统、再生水回用系统，高效冷却节水技术及节水工艺技术。

(7) **食品行业，含食品和发酵。** 推广发酵生产中低温蒸煮糊化技术、高浓糖化醪高温发酵工艺、高浓度母液提取工艺，推广湿法制备淀粉工业取水闭环生产工艺；开发应用发酵废母液、废糟液回用技术；采用余热型溴化锂吸收式冷水机组、新型螺旋板式换热器、逆流玻璃钢冷却塔、多效蒸发浓缩器、热泵蒸发器，以及采用冷却、冷凝、压缩单元操作回收利用冷却水、冷凝液、废热气和中低浓度废水的梯度利用。

专栏:工业节水重点任务

➢ 火力发电行业

建设以除灰系统改造、废污水回收再生利用、空气冷却机组建设为主的节水工程项目。

➢ 石油石化行业

推广串级用水或处理净化回用技术,推广应用采油污水处理的高效水质净化与稳定、反渗透水处理等污水深度处理回用技术。

➢ 钢铁行业

主要建设以用水系统改造,TRT,干法除尘、干法熄焦节水生产工艺,废污水回收再生利用为主的节水工程项目。

➢ 纺织行业

建设逆流漂洗、废水深度处理回用等用水系统改造,自动调浆、冷轧堆前处理加工技术、高温高压气流染色,针织平幅水洗,数码喷墨印花、转移印花、涂料印染等少用水工艺技术为主的节水工程项目。

➢ 造纸行业

建设中浓封闭筛选系统改造、碱回收蒸发站污水冷凝水的分级及回用系统、废液综合利用、废污水回收再生利用等节水工程项目。

➢ 化工行业

建设以重复用水系统改造、PVC 生产电石渣上清液回收利用、合成氨系统优化、废污水回收再生利用等为主的节水工程项目。

➢ 食品行业

建设以水重复利用、制冷系统技术改造、传统落后生产工艺及设备等用水改造为主的节水工程。

➢ 其他行业

建设用水系统改造、废污水回收再生利用为主的节水工程。

三、"十二五"工业节水示范工程

工业节水示范以火电、石油石化、钢铁、纺织、造纸、化工、食品及综合工业园区为主，示范工程包括企业节水改造、内部污水处理回用、工业园区内企业间串联用水、闭路循环用水、再生水利用和用水"零排放"等。

在全国31个省区的火力发电、石油石化、钢铁、纺织、造纸、化工、食品等高用水行业中，选择企业规模较大、取水量较多、行业代表性较高的工业企业，重点监测取用水总量、用水工艺技术、重复利用率和用水定额等。

建设100个火力发电、100个石油石化、200个钢铁、200个化工、200个纺织、200个造纸、200个食品、200个其他行业节水型企业示范工程和150个工业园区综合节水示范工程。

第三章　我国工业用水定额

第一节　工业用水节水标准概况

一、标准体系及相关管理机构

1. 用水节水标准范畴及发布概况

用水节水标准就是对用水节水过程包括取水、用水、排水等，用水节水管理包括测试、考核、评价等，用水节水产品包括器具、设备、管材等，用水节水的事务所作的统一规定，以用水节水科学、技术和实践经验的综合成果为基础，经有关部门协商一致，由主管机构批准，以特定形式发布，作为共同遵守的准则和依据。

用水节水方面的标准包括有国家标准、行业标准、地方标准与企业标准，以及团体标准等。

国家标准化委员会会同国家发展与改革委员会、水利部、住房与城乡建设部、农业部等部门编制了《2008—2010 年资源节约与综合利用标准发展规划》(以下简称《规划》)。该《规划》共分为 8 个标准分体系，节水标准是第二个分体系。

节水标准分体系又分为 5 个子体系，即综合、基础标准子体系，工业节水标准子体系，城镇节水标准子体系，农业节水标准子体系，以及海水/苦咸水淡化和利用标准子体系。这 5 个子体系中共列有需要制修订的标准 106 项，其中国家标准 70 项，行业标准 36 项。

水利部 2008 年修订发布的《水利技术标准体系表》中列有水资源专业门类，该专业门类中含有用水节水方面的相关标准。

2. 用水节水标准管理

(1) 全国节约用水办公室

2008 年国务院批准的水利部"三定"方案中规定"负责节约用水工作，拟订节约用水政策，编制节约用水规划，制定有关标准，指导和推动节水型社会建设工作"。

水利部内设水资源司（全国节约用水办公室），其职能是“组织实施水资源取水许可、水资源有偿使用、水资源论证等制度；组织水资源调查、评价和监测工作；指导水量分配、水功能区划和水资源调度工作并监督实施，组织编制水资源保护规划，指导饮用水水源保护、城市供水的水源规划、城市防洪、城市污水处理回用等非传统水资源开发的工作，指导入河排污口设置工作；指导计划用水和节约用水工作”。水利部内设的国际合作与科技司其职能中也有“拟订水利行业技术标准、规程规范并监督实施”。

（2）全国工业节水标准化技术委员会

随着我国对节水工作的日益重视，节水标准化工作全面展开，节水标准的数量也越来越多，节水标准化工作的特质性不断凸显。为整合专家资源、构建知识和技术平台、完善标准体系、统一标准规划、协调标准内容、共同推进工业节水标准研制和实施，2008 年国家标准委批准中国标准化研究院成立全国工业节水标准化技术委员会。

全国工业节水标准化技术委员会，其编号为 SAC/TC 442，英文名称为 National Technical Committee 442 on Industrial Water Conservation of Standardization Administration of China。第一届全国工业节水标准化技术委员会拟由 34 名委员组成，秘书处承担单位为中国标准化研究院。其主要负责工业节水的基础、方法、管理、产品等，包括工业节水术语、节水器具、节水工艺和设备、节水管理规范、取用水定额、用水统计和测试、污废水再生处理和循环利用等领域的国家标准制修订工作。

此外，石油领域也有工业节能节水专业标准化技术委员会，该委员会成立于 1997 年，现有委员人数 45 名。

二、国家标准概况

工业用水节水国家标准包括有工业用水节水术语、用水统计、水平衡测试、取水定额编制通则等基础性标准，以及工业各行业的取水定额、节水型企业等具体标准等。

截止到2012年9月30日，已发布的相关国家标准共计30多项，其中工业取水定额方面的有14项，见表3-1、表3-2。

表3-1 工业用水节水相关的国家标准

序号	标准名称（标准号）
1	工业用水节水　术语（GB/T 21534—2008）
2	企业水平衡测试通则（GB/T 12452—2008）
3	用水单位水计量器具配备和管理通则（GB 24789—2009）
4	企业用水统计通则（GB/T 26719—2011）
5	节水型企业评价导则（GB/T 7119—2006）
6	节水型企业　纺织染整行业（GB/T 26923—2011）
7	节水型企业　钢铁行业（GB/T 26924—2011）
8	节水型企业　火力发电行业（GB/T 26925—2011）
9	节水型企业　石油炼制行业（GB/T 26926—2011）
10	节水型企业　造纸行业（GB/T 26927—2011）
11	工业企业用水管理导则（GB/T 27886—2011）
12	取水许可技术考核与管理通则（GB/T 17367—1998）
13	工业循环水冷却设计规范（GB/T 50102—2003）
14	工业循环冷却水处理设计规范（GB 50050—2007）
15	钢铁企业节水设计规范（GB 50506—2009）
16	民用建筑节水设计标准（GB 50555—2010）
17	工业锅炉水处理设施运行效果与监测（GB/T 16811—2005）
18	节水型产品技术条件与管理通则（GB/T 18870—2002）
19	煤矿矿井水分类（GB/T 19223—2003）
20	地下水资源分类分级标准（GB 15218—1994）

表 3-2　工业取水定额的国家标准

序号	标准名称(标准号)	备注
1	工业企业产品取水定额编制通则(GB/T 18820—2011)	
2	取水定额　第 1 部分:火力发电(GB/T 18916.1—2012)	
3	取水定额　第 2 部分:钢铁联合企业(GB/T 18916.2—2012)	
4	取水定额　第 3 部分:石油炼制(GB/T 18916.3—2012)	
5	取水定额　第 4 部分:棉印染产品(GB/T 18916.4—2012)	
6	取水定额　第 5 部分:造纸产品(GB/T 18916.5—2012)	
7	取水定额　第 6 部分:啤酒制造(GB/T 18916.6—2012)	
8	取水定额　第 7 部分:酒精制造(GB/T 18916.7—2004)	正在修订
9	取水定额　第 8 部分:合成氨(GB/T 18916.8—2006)	
10	取水定额　第 9 部分:味精制造(GB/T 18916.9—2006)	正在修订
11	取水定额　第 10 部分:医药产品(GB/T 18916.10—2006)	
12	取水定额　第 11 部分:选煤(GB/T 18916.11—2012)	
13	取水定额　第 12 部分:氧化铝(GB/T 18916.12—2012)	
14	取水定额　第 13 部分:乙烯(GB/T 18916.13—2012)	

三、行业标准概况

有关行业也发布了工业用水节水方面的行业标准,如化工行业的取水定额标准,城建行业的用水分类、考核、用水器具等,电力行业的节水导则、水平衡试验、冷却塔等,纺织行业的产品取水计算办法等,石油行业的水平衡测试、用水指标统计等,水利行业的节水产品认证等。

截止到 2012 年 9 月 30 日,已发布的行业标准共计约有 31 个,其中工业取水定额方面的有 8 项,分别见表 3-3 和表 3-4。

表 3-3　工业用水节水相关的部分行业标准

序号	标准名称(标准号)
1	工业用水分类及定义(CJ 40—1999)
2	工业企业水量平衡测试方法(CJ 41—1999)
3	工业用水考核指标及计算方法(CJ 42—1999)
4	城镇供水水量计量仪表的配备和管理通则(CJ/T 3019—1993)
5	节水型生活用水器具(CJ 164—2002)
6	混凝土节水保湿养护膜(JG/T 188—2010)
7	火力发电厂能量平衡导则　第5部分:水平衡试验(DL/T 606.5—2009)
8	火力发电厂节水导则(DL/T 783—2001)
9	冷却塔塑料部件技术条件(DL/T 742—2001)
10	工业冷却塔测试规程(DL/T 1027—2006)
11	机织印染产品取水计算办法及单耗基本定额(FZ/T 01104—2010)
12	针织印染产品取水计算办法及单耗基本定额(FZ/T 01105—2010)
13	化工企业冷却塔设计规定(HG/T 20522—1992)
14	工业水和冷却水净化处理滤网式全自动过滤器(HG/T 3730—2004)
15	水处理剂　产品分类和命名(HG 2762—1996)
16	石油企业常用节能节水词汇(SY/T 6269—2010)
17	油田生产系统水平衡测试和计算方法 (SY/T 6721—2008)
18	石油企业耗能用水统计指标与计算方法(SY/T 6722—2008)
19	节水产品认证规范(SL 476—2010)
20	水务统计技术规程(SL 477—2010)
21	水资源评价导则(SL/T 238—1999)
22	建设项目水资源论证导则(SL/Z 322—2005)
23	地表水资源质量评价技术规程(SL 395—2007)

表 3-4 工业取水定额的行业标准

序号	标准名称(标准号)
1	纯碱取水定额(HG/T 3998—2008)
2	合成氨取水定额(HG/T 3999—2008)
3	烧碱取水定额(HG/T 4000—2008)
4	硫酸取水定额(HG/T 4186—2011)
5	尿素取水定额(HG/T 4187—2011)
6	湿法磷酸取水定额(HG/T 4188—2011)
7	聚氯乙烯取水定额(HG/T 4189—2011)
8	饮料制造取水定额(QB/T 2931—2008)

四、清洁生产标准

为贯彻实施《中华人民共和国环境保护法》和《中华人民共和国清洁生产促进法》,保护环境,为各工业行业开展清洁生产提供技术支持和导向,指导企业实施,并推动环境管理部门的清洁生产监督工作,国家环保部门组织制定发布了清洁生产环境保护行业标准(包含清洁生产标准、审核指南等)。

清洁生产标准属于环境保护行业标准的其中一种类型。发布清洁生产标准始于2003年,目前已发布清洁生产标准58项(表3-5)。

表 3-5 环境保护部发布的清洁生产标准一览表

序号	标准编号	标准名称	发布日期
1	HJ 581—2010	清洁生产标准 酒精制造业	2010-06-08
2	HJ 560—2010	清洁生产标准 制革工业(羊革)	2010-02-01
3	HJ 559—2010	清洁生产标准 铜电解业	2010-02-01
4	HJ 558—2010	清洁生产标准 铜冶炼业	2010-02-01
5	HJ 514—2009	清洁生产标准 宾馆饭店业	2009-11-30

表 3-5(续)

序号	标准编号	标准名称	发布日期
6	HJ 510—2009	清洁生产标准　废铅酸蓄电池回收业	2009-11-16
7	HJ 513—2009	清洁生产标准　铅电解业	2009-11-13
8	HJ 512—2009	清洁生产标准　粗铅冶炼业	2009-11-13
9	HJ 476—2009	清洁生产标准　氯碱工业(聚氯乙烯)	2009-08-10
10	HJ 475—2009	清洁生产标准　氯碱工业(烧碱)	2009-08-10
11	HJ 474—2009	清洁生产标准　纯碱行业	2009-08-10
12	HJ 473—2009	清洁生产标准　氧化铝业	2009-08-10
13	HJ 469—2009	清洁生产审核指南　制订技术导则	2009-03-25
14	HJ 468—2009	清洁生产标准　造纸工业(废纸制浆)	2009-03-25
15	HJ 467—2009	清洁生产标准　水泥工业	2009-03-25
16	HJ 470—2009	清洁生产标准　钢铁行业(铁合金)	2009-04-10
17	HJ 452—2008	清洁生产标准　葡萄酒制造业	2008-12-24
18	HJ 450—2008	清洁生产标准　印制电路板制造业	2008-11-21
19	HJ 449—2008	清洁生产标准　合成革工业	2008-11-21
20	HJ 448—2008	清洁生产标准　制革工业(牛轻革)	2008-11-21
21	HJ 447—2008	清洁生产标准　铅蓄电池工业	2008-11-21
22	HJ 446—2008	清洁生产标准　煤炭采选业	2008-11-21
23	HJ 445—2008	清洁生产标准　淀粉工业	2008-09-27
24	HJ 444—2008	清洁生产标准　味精工业	2008-09-27
25	HJ 443—2008	清洁生产标准　石油炼制业(沥青)	2008-09-27
26	HJ/T 314—2006	清洁生产标准　电镀行业	2006-11-22
27	HJ/T 315—2006	清洁生产标准　人造板行业(中密度纤维板)	2006-11-22
28	HJ/T 316—2006	清洁生产标准　乳制品制造业(纯牛乳及全脂乳粉)	2006-11-22

表 3-5(续)

序号	标准编号	标准名称	发布日期
29	HJ/T 317—2006	清洁生产标准　造纸工业(漂白碱法蔗渣浆生产工艺)	2006-11-22
30	HJ/T 318—2006	清洁生产标准　钢铁行业(中厚板轧钢)	2006-11-22
31	HJ/T 183—2006	清洁生产标准　啤酒制造业	2006-07-13
32	HJ/T 184—2006	清洁生产标准　食用植物油工业(豆油和豆粕)	2006-07-03
33	HJ/T 185—2006	清洁生产标准　纺织业(棉印染)	2006-07-03
34	HJ/T 339—2007	清洁生产标准　造纸工业(漂白化学烧碱法麦草浆生产工艺)	2007-03-28
35	HJ/T 340—2007	清洁生产标准　造纸工业(硫酸盐化学木浆生产工艺)	2007-03-28
36	HJ/T 430—2008	清洁生产标准　电石行业	2008-04-08
37	HJ/T 429—2008	清洁生产标准　化纤行业(涤纶)	2008-04-08
38	HJ/T 428—2008	清洁生产标准　钢铁行业(炼钢)	2008-04-08
39	HJ/T 427—2008	清洁生产标准　钢铁行业(高炉炼铁)	2008-04-08
40	HJ/T 426—2008	清洁生产标准　钢铁行业(烧结)	2008-04-08
41	HJ/T 425—2008	清洁生产标准　制订技术导则	2008-04-08
42	HJ/T 402—2007	清洁生产标准　白酒制造业	2007-12-20
43	HJ/T 401—2007	清洁生产标准　烟草加工业	2007-12-20
44	HJ/T 361—2007	清洁生产标准　平板玻璃行业	2007-08-01
45	HJ/T 360—2007	清洁生产标准　彩色显像(示)管生产	2007-08-01
46	HJ/T 359—2007	清洁生产标准　化纤行业(氨纶)	2007-08-01
47	HJ/T 358—2007	清洁生产标准　镍选矿行业	2007-08-01
48	HJ/T 357—2007	清洁生产标准　电解锰行业	2007-08-01
49	HJ/T 294—2006	清洁生产标准　铁矿采选业	2006-08-15

表 3-5(续)

序号	标准编号	标准名称	发布日期
50	HJ/T 293—2006	清洁生产标准　汽车制造业(涂装)	2006-08-15
51	HJ/T 190—2006	清洁生产标准　基本化学原料制造业(环氧乙烷/乙二醇)	2006-07-03
52	HJ/T 189—2006	清洁生产标准　钢铁行业	2006-07-03
53	HJ/T 188—2006	清洁生产标准　氮肥制造业	2006-07-03
54	HJ/T 187—2006	清洁生产标准　电解铝业	2006-07-03
55	HJ/T 186—2006	清洁生产标准　甘蔗制糖业	2006-07-03
56	HJ/T 127—2003	清洁生产标准　制革行业(猪轻革)	2003-04-18
57	HJ/T 126—2003	清洁生产标准　炼焦行业	2003-04-18
58	HJ/T 125—2003	清洁生产标准　石油炼制业	2003-04-18

清洁生产标准一般规定了各工业行业在达到国家和地方环境标准的基础上,根据当前的行业技术、装备水平和管理水平,有关清洁生产的一般要求。随着技术的不断进步和发展,标准也会不断修订。

清洁生产标准中指标要求一般分为6类,即

(1) 生产工艺与装备要求;

(2) 资源能源利用指标;

(3) 产品指标;

(4) 污染物产生指标(末端处理前);

(5) 废物回收利用指标;

(6) 环境管理要求等。

清洁生产标准在资源能源利用指标中设有取水定额(标准正文中一般多称之为新鲜水耗)这一指标,分成三级。

(1) 一级代表国际清洁生产先进水平;

(2) 二级代表国内清洁生产先进水平;

(3) 三级代表国内清洁生产基本水平。

第二节　工业用水定额国家标准的发展和解读

一、1984 年和 1986 年发布的试行标准

我国工业用水定额管理始于 1984 年，由原城乡建设环境保护部和国家经济委员会于 1984 年 9 月联合颁发了《工业用水量定额（试行）》，对冶金工业、煤炭工业、石油工业、化学工业、纺织工业、轻工业、电力工业、铁道、邮电、建材工业、医药、林业、商业、农牧渔业等 14 个行业的近 30 个子类、约 500 个品种给出了参考用水范围，在全国试行。

1986 年为适应当时工业发展的需要，又以增补个别产品用水量定额的方式对试行定额进行了修订，并且仍是“试行”。该试行定额适用范围为“主要作为城市规划和新建，扩建工业项目初步设计的依据，也是考核工矿企业用水量的标准”。该定额标准对促进工业企业用水和节水起到了一定的作用。但是，随着技术和管理水平的不断提高，原定额已不能作为工业取水用水定额管理的依据，不能起到促进企业节约用水的作用。

二、GB/T 18916《取水定额》概述

1986 年以来，工业用水和节水的形势已发生了巨大变化，原有的《工业用水定额（试行）》已不适用。1988 年《中华人民共和国水法》发布，2002 年进行了修订，其中第四十七条规定：“国家对用水实行总量控制和定额管理相结合的制度。”

国家为了加大节水工作的管理力度，尤其是对高用水行业的管理力度，2001 年 11 月起原国家经济贸易委员会资源节约与综合利用司组织开展了工业取水定额的编制工作，提出了制定一项编制工业取水定额的通则性、基础性标准，用于规范、统一标准的术语、指标的计算方法、编制原则、基本程序，同时提出制定火电、钢铁、炼油、纺织、造纸五个高用水行业的取水定额的国家标准。经国家标准化管理委员会批准，被列入 2001 年国家标准制定、修订计划，由全国能源基础与管理标准化技术委员会（CSBTS/TC 20）归口。经过努力，2002 年 8 月

29日国家质量监督检验检疫总局发布了国家标准GB/T 18820—2002《工业企业产品取水定额编制通则》。该标准规范了工业企业产品取水定额的术语和定义、计算方法、编制原则和制定程序。编制工业用水定额的宏观主要原则是:依法修订的原则;促进工业节约用水和技术进步的原则;有利于工业布局和工业结构调整的原则;因地制宜的原则;持续改进的原则。

在《工业企业产品取水定额编制通则》(GB/T 18820—2002)的统一规范下,目前已发布了13项工业企业取水定额国家标准,分别为:

《取水定额　第1部分:火力发电》(GB/T 18916.1—2012)

《取水定额　第2部分:钢铁联合企业》(GB/T 18916.2—2012)

《取水定额　第3部分:石油炼制》(GB/T 18916.3—2012)

《取水定额　第4部分:棉印染产品》(GB/T 18916.4—2012)

《取水定额　第5部分:造纸产品》(GB/T 18916.5—2012)

《取水定额　第6部分:啤酒制造》(GB/T 18916.6—2012)

《取水定额　第7部分:酒精制造》(GB/T 18916.7—2004)

《取水定额　第8部分:合成氨》(GB/T 18916.8—2006)

《取水定额　第9部分:味精制造》(GB/T 18916.9—2006)

《取水定额　第10部分:医药产品》(GB/T 18916.10—2006)

《取水定额　第11部分:选煤》(GB/T 18916.11—2012)

《取水定额　第12部分:氧化铝》(GB/T 18916.12—2012)

《取水定额　第13部分:乙烯》(GB/T 18916.13—2012)

取水定额国家标准是在总结国内外开展工业用水管理工作经验的基础上,结合我国国情,特别是13个高用水行业的实际制定的。旨在为高用水行业制订节水规划提供可靠依据,为合理编制用水计划提供科学管理的基础,也是推行企业节水管理的重要依据。

《工业企业产品取水定额编制通则》的制定,填补了工业节水基础性国家标准的空白,为工业取水定额国家标准体系的建立打下了良好的基础。

为使有关人员掌握该标准的实质和技术细节,提高执行标准的自觉性和准确性,2003年7月国家发改委环资司组织编写了《工业企业取水定额国家标准实施指南(一)》。

三、GB/T 18820《工业企业产品取水定额编制通则》解读

1. 2002年版

制定工业用水定额国家标准必须依据国家标准:《工业企业产品取水定额编制通则》(GB/T 18820—2002),2002年8月29日由国家质量监督检验检疫总局发布,2003年1月1日施行。

(1) GB/T 18820是基础性标准

GB/T 18820标准指出“本标准是我国工业用水和节水标准体系中的基础性标准,本标准的制定将指导和规范工业取水定额的制修订工作”。因此,工业行业制定取水定额标准须以此为基础性标准,指导和规范制修订工作。

(2) 明确制定管理定额

GB/T 18820标准指出:“工业企业产品取水定额是国家考核地区、行业和企业水资源利用效益和评价节水水平的主要指标之一,是国家水资源供应和企业水资源计划购入、管理及分配的控制指标,是评价企业合理用水和节约用水技术的指标,是工业企业制定生产计划和水资源供应计划的依据。”简言之,制定的是管理定额,不是规划定额和设计定额。

(3) 明确编制取水定额

GB/T 18820标准指出“本标准适用于工业生产取水定额的编制”。明确是编制取水定额,而不是用水定额。两者差别很大,不能混淆。

(4) 界定取水水源

企业可从不同水源取水,GB/T 18820标准规定:“取自地表水(以净水厂供水计量)、地下水、城镇供水工程,以及企业从市场购得的其他水或水的产品(如蒸汽、热水、地热水等)计入取水量。”

取自地表水一般都要净化处理,损失一部分水量,为了和取自地下水量有可比性,规定取自地表水以净水厂供水计量。

企业自取的海水和苦咸水等以及企业对外供给市场的水的产品

(如蒸汽、热水、地热水等)而取用的水量不计入取水量。

(5) 取水核算单位

GB/T 18820标准规定定额针对的对象是“取水核算单位”。它是指:“完成一种工业产品的单位,依据使用的目的不同,可以在不同的边界内运用定额来进行节水管理。它既可以是一个企业,也可以是一个分厂、一个工段和车间。”

(6) 对“产品”释义

产品应广义来理解,可以是最终产品,也可以是中间产品或其他形式或性质的产品。也可用单位原料加工量为核算单元。

定额是和生产原料有关,生产产品不同原料,定额是不同的。

有的产品上下游产业链很长,应明确界定边界。

(7) 计入水量的范围

GB/T 18820标准规定产品生产过程包括主要生产、辅助生产和附属生产三个生产过程,涉及的水量都要计入。

2. 2011年修订版

2011年版GB/T 18820标准,主要修订内容如下。

(1) 增加了单位产品非常规水资源取水量的术语和定义以及计算方法。

近年来非常规水资源的大量使用,使企业的取水构成和用水系统发生了变化,取水定额也发生了变化。某些大量使用非常规水资源的企业,单位产品取水量很小,甚至出现为“零”的状况,但是用水量并没有减少。在原标准没有非常规水资源的内容和条款。

由于非常规水资源的使用不断增加,所占比例不断增大,因此增加“单位产品非常规水资源取水量”,作为定额中的一项辅助指标表明常规水资源的替代度,以便使用非常规水资源的企业单独计算企业生产单位产品时提取非常规水资源量。

为了与常规水资源取水量的计量基准一致,均采用净水量而不是毛水量计量,为此在3.3中加注:“工业生产的非常规水资源取水量是指企业取自海水、苦咸水、矿井水和城镇污水再生水等的水量,以净化后或淡化后供水计量。”予以规范。

(2) 修订了单位产品取水量的术语和定义。

由于标准增加了非常规水资源的内容,为了区分常规水资源和非常规水资源,应修订原标准中单位产品取水量的术语和定义。将原标准"企业生产单位产品需要从各种水源提取的水量"修订为:"企业生产单位产品需要从各种常规水资源提取的水量"。

(3) 明确工业企业产品取水定额的主体地位。

在原标准引言中第二段阐述了工业企业产品取水定额的主体地位,本标准在 3.1 中用"是定额的主体指标,是国家和企业用水节水的源头管理和控制指标"明确工业企业产品取水定额的主体地位。而产品非常规水资源取水量和产品用水量则是定额中的辅助指标。

(4) 删除了术语和定义中的重复利用率。

"重复利用率"不是定额中的一项指标,也不是计算定额必需的基础数据,因此删除。

(5) 修订了单位产品用水量的术语和定义以及计算方法。

在原标准中单位产品用水量的术语和定义为"企业生产单位产品需要的总用水量,其总用水量为单位产品取水量和重复利用水量之和"。由于非常规水资源的使用,用水量应包括非常规水资源取水量,因此修订为"企业生产单位产品需要的总用水量,其总用水量为单位产品取水量、单位产品非常规水资源取水量和重复利用水量之和"。

第三节　地方工业用水定额概述

一、概述

20 世纪 80 年代初,随着城市供水短缺现象的出现,工业节水提到了议事日程,控制工业用水无节制地增长随之成为奋斗目标和工作重点,工业用水定额应运而生。1981 年徐州市、1982 年江苏省开始制定颁布部分工业行业的用水定额;1984 年原城乡建设环境保护部和国家经济委员会颁布了 14 个工业行业的用水量定额(试行);1987 年原城乡建设环境保护部和国家经济委员会又联合下发了《关于完善和制定〈城市用水定额〉的通知》,要求各地进一步完善和制定用水定额。从此工业用水定额的制定和应用得到了快速发展。

2002年修订颁布的《中华人民共和国水法》第四十七条规定："国家对用水实行总量控制和定额管理相结合的制度。省、自治区、直辖市人民政府有关行业主管部门应当制订本行政区域内行业用水定额，报同级水行政主管部门和质量监督检验行政主管部门审核同意后，由省、自治区、直辖市人民政府公布，并报国务院水行政主管部门和国务院质量监督检验行政主管部门备案。"

实际工作中为促进全国用水定额的编制，水利部于1999年就发布了《关于加强用水定额编制和管理的通知》文件。为了编制具有比较意义的用水定额，2001年水利部水资源司下发的《用水定额编制参考方法》中：

一是界定了分析用水定额的水量范围，指出工业用水包括：各工矿企业进行专业化生产过程中的生产用水、辅助生产部门所需的辅助生产用水（如锅炉水、空调用水、制冷用水等）和行政管理机构所需的附属生产用水；从用水方式来讲，可分为间接冷却用水、工艺用水、锅炉用水和生活用水四个方面；

二是要求各省市在编制定额时以专业性生产用水为主要依据，对于辅助生产用水，只有当企业将其冷、热产品出售、辅助生产用水已转变为生产用水性质时，才在用水定额中考虑，以剥离企业生产结构和专业化程度对定额的影响；而附属生产用水本应考虑在定额用水统计范围中，但应研究企业大小、用水水平对其的影响。

工业产品逾千万种，由于受企业生产系统结构、专业化程度、生产工艺和生产设备水平、生产规模、生产工序以及用水水平等影响，规范或制定具有横向比较意义的用水定额标准困难极大。工业用水定额的制定是一项复杂而繁琐的工作，需要认真研究工业用水的特点，寻找各企业间用水共性，抓住主要影响因子，剔除次要影响因子，抽取本质性用水并具有比较意义的部分制定用水定额。因此，在《用水定额编制参考方法》中同时提出编制工业用水定额应遵循9条基本原则。

（1）以水平衡测试结果为基础；

（2）以专业化生产系统为主体；

（3）以产品用水定额为主；

（4）以有一定工业基础的城市为基础；

（5）在同类产品间以用水定额系数进行调整；

（6）一般不考虑副产品用水定额的编制；

（7）对于某些通用设备应编制单独的用水定额；

（8）要充分考虑工业用水重复利用率；

（9）对于主观性的软性影响因素不予考虑。

为了加强用水定额工作的开展，2007 年水利部发布《关于进一步加强用水定额管理的通知》（水资源[2007]158 号）。同时，为指导各地制定和完善用水定额，组织有关单位编制了《用水定额编制技术导则（试行）》作为附件一起下发，供各地编制和修订用水定额参考。2013 年，水利部发布《关于严格用水定额管理的通知》（水资源[2013]268 号）。

与此同时，水利部向国家标准化委员会申请编制国家标准《用水定额编制技术导则》。目前，《用水定额编制技术导则》已完成送审稿，待批。

二、地方用水定额发布状况

从黑龙江省 2000 年发布全国第一个地方用水定额以来，目前全国除西藏外，30 个省（自治区、直辖市）编制发布了用水定额标准（表 3-6），多数省份并对原有用水定额进行了修订。

表 3-6　各省（自治区、直辖市）已发布的用水定额标准

地区	标准名称	备注
北京	北京市主要行业用水定额，2002 北京工业能耗水耗指导指标（第一批），2007 公共生活取水定额　第 1 部分　编制通则，DB 11/554.1—2010 公共生活取水定额　第 2 部分　学校，DB 11/554.2—2008 公共生活取水定额　第 3 部分　饭店，DB 11/554.3—2008 公共生活取水定额　第 4 部分　医院，DB 11/554.4—2008 公共生活取水定额　第 5 部分　机关，DB 11/554.5—2010 公共生活取水定额　第 6 部分　写字楼，DB 11/554.6—2010 公共生活取水定额　第 7 部分　洗车，DB 11/554.7—2012 公共生活取水定额　第 8 部分　商场，DB 11/554.8—××××（未发布） 公共生活取水定额　第 9 部分　餐饮，DB 11/554.9—××××（未发布）	

表 3-6(续)

地区	标准名称	备注
天津	城市生活用水定额,DB 12/T 158—2003 农业用水定额,DB 12/T 159—2003 工业产品取水定额,DB 12/T 101—2003	
河北	用水定额　第 1 部分:农业用水,DB 13/T 1161.1—2009 用水定额　第 2 部分:工业取水,DB 13/T 1161.2—2009 用水定额　第 3 部分:生活用水,DB 13/T 1161.3—2009	对 2002 版的修订
山西	山西省用水定额,2008	对 2003 版的修订
内蒙古	内蒙古自治区行业用水定额标准,DB 15/T 385—2009	对 2003 版的修订
辽宁	行业用水定额,DB 21/T 1237—2008	对 2003 版的修订
吉林	用水定额,DB 22/T 389—2010	对 2004 版的修订
黑龙江	用水定额,DB 23/T 727—2010	对 2003 版的修订
上海	上海市用水定额(试行),2001,目前在修订 学校、医院、旅馆主要生活用水定额及其计算方法,DB 31/T 391—2007 主要工业产品用水定额及其计算方法　第 1 部分:火力发电,DB 31/T 478.1—2010 主要工业产品用水定额及其计算方法　第 2 部分:电子芯片,DB 31/T 478.2—2010 主要工业产品用水定额及其计算方法　第 3 部分:饮料,DB 31/T 478.3—2010 主要工业产品用水定额及其计算方法　第 4 部分:钢铁联合,DB 31/T 478.4—2010 主要工业产品用水定额及其计算方法　第 5 部分:汽车,DB 31/T 478.5—2010 主要工业产品用水定额及其计算方法　第 6 部分:棉印染,DB 31/T 478.6—2010 主要工业产品用水定额及其计算方法　第 7 部分:石油炼制,DB 31/T 478.7—2010 主要工业产品用水定额及其计算方法　第 8 部分:造纸,DB 31/T 478.8—2010	

表 3-6(续)

地区	标准名称	备注
上海	主要工业产品用水定额及其计算方法　第 9 部分：化工（轮胎、烧碱）DB 31/T 478.9—2011 主要工业产品用水定额及其计算方法　第 10 部分：食品行业（冷饮、饼干、固体食品饮料）DB 31/T 478.10—2011 主要工业产品用水定额及其计算方法　第 11 部分：电气行业（锅炉、冷冻机、升降梯、自动扶梯）DB 31/T 478.11—2011 主要工业产品用水定额及其计算方法　第 12 部分：建材行业（商品混凝土）DB 31/T 478.12—2011	
江苏	江苏省工业用水定额(2010 年修订) 江苏省城市生活和公共用水定额，2006	对 2005 版的修订
浙江	浙江省用水定额(试行)，2004 农业用水定额，DB 33/T 769—2009	
安徽	安徽省用水定额，DB 34/T 679—2007	
福建	福建省用水定额，DB 35/T 772—2007	
江西	江西省城市生活用水定额，DB 36/T 419—2011 江西省工业企业主要产品用水定额，DB 36/T 420—2011 江西省农业灌溉用水定额，DB 36/T 619—2011	对 2003 版的修订
山东	山东省城市生活用水量标准(试行)，2004 山东省重点工业产品取水定额，DB 37/T 1639—2010 山东省主要农作物灌溉定额， DB 37/T 1640—2010	对 2004 版的修订
河南	河南省用水定额，DB 41/T 385—2009	对 2004 版的修订
湖北	湖北省用水定额(试行)，2003	
湖南	湖南省用水定额，DB 43/T 388—2008 机制纸浆单位产品取水定额，DB 43/T 403—2008	
广东	广东省用水定额(试行)，2007	
广西	工业行业主要产品用水定额，DB 45/T 678—2010 城镇生活用水定额，DB 45/T 679—2010	对 2003 版的修订
海南	海南省工业及城市生活用水定额，2008	
重庆	重庆市部分工业产品用水定额(试行)，2001、(第二批)，2006 重庆市农业用水定额(试行)，2006 重庆市城市非生产用水定额标准，2007	

表 3-6(续)

地区	标准名称	备注
四川	四川省用水定额(修订稿),2010	对 2002 版的修订
贵州	贵州省行业用水定额,DB 52/T 725—2011	首次发布
云南	云南省用水定额,DB 53/T 168—2006	
陕西	陕西省行业用水定额(试行),2004	
甘肃	甘肃省行业用水定额(修订本),2011 吨钢水耗限额,DB 62/T 1968—2010 白酒单位产量水耗限额,DB 62/T 1972—2010 吨马铃薯淀粉水耗限额,DB 62/T 1973—2010	对 2004 版的修订
青海	青海省用水定额(试行),2004	
宁夏	宁夏回族自治区工业产品取水定额(试行),2005 宁夏回族自治区城市生活用水定额(试行),2008	
新疆	新疆维吾尔自治区工业和生活用水定额,2007	

各省(自治区、直辖市)编制的用水定额详尽程度和内容不一,多数省份正在组织修订用水定额;发布的形式也各异,多数省份以地方标准的形式发布了用水定额,如天津市、河北省、内蒙古自治区、辽宁省、安徽省、江西省、福建省、河南省、湖南省、云南省等,其他一些省份则以文件的形式发布,如山西省、广东省、青海省等。

目前用水定额管理工作目前主要存在以下问题:

一是管理基础薄弱。一些省、自治区尚未制定发布用水定额,已经发布用水定额的普遍存在体系不完整、定额数据偏差大、用水定额标准一刀切、用水定额不能及时更新等问题;水平衡测试、用水情况跟踪调查和统计分析等基础工作得不到足够的重视,用水计量设施不完备。

二是用水定额编用脱节、管理较为粗放。用水定额和总量控制结合不够紧密，在建设项目水资源论证、取水许可管理、计划用水管理、节水管理等环节，没有得到充分地运用。这些问题的存在，说明用水定额管理工作与加强水资源管理、建设节水型社会的要求还有很大差距，各地水行政主管部门对此要有充分的认识，切实从速加强用水定额管理工作。

通知要求将用水定额运用到水资源管理的主要环节中：特别是对评价、考核各地和用水户节水水平时，要把用水定额作为重要的基础指标。对高污染工业行业，要严格控制和适度削减用水定额，合理确定取水许可量和计划用水量，促进企业提高水重复利用率和使用再生水，减少污水排污量，促进水资源保护工作。

三、典型省市工业用水定额简介

1. 北京市工业用水定额

北京市节约用水办公室组织编制了《北京市主要行业用水定额》，经北京市人民政府批准，自 2002 年 1 月 1 日起开始执行。

该用水定额共包括了四方面的内容：

(1) 北京市主要农林果节水灌溉定额：包括了农作物、林、果、牧、菜、瓜等植物种类；

(2) 畜牧业、渔业用水定额：涵盖了畜牧业中的大牲畜、猪、羊和家禽以及渔业的用水定额值；

(3) 北京市部分工业产品用水定额：涉及 25 个工业行业，170 种工业产品的用水定额；

(4) 北京市居民生活和公共用水定额：共编制了 8 个行业，49 种产品的用水定额。

北京市部分工业产品用水定额涉及 24 个工业行业的 170 种工业产品的用水定额，这些产品是北京市各用水工业部门的主要产品，具有典型代表性。

24 个工业行业是：煤炭采选业，食品加工与制造业，饮料制造业，纺织业，皮革毛皮羽绒及其制品业，木材加工及竹、藤、棕、草制品业，家具制造业，造纸及纸制品业，化学原料和化学制品制造业，医药制造业，橡胶制品业，塑料制品业，非金属矿物制品业，黑色金属冶炼及压延加工业，普通机械制造业，专用设备制造业，交通运输设备制造业，电气机械及器材制造业，电子及通讯设备制造业，仪器仪表及文化、办公用机械制造业，其他制造业，电力、蒸汽、热水的生产和供应业，煤气生产和供应业，土木工程建筑业。

从工业产品用水定额表中可以看出：

(1) 煤炭采选业的定额值为 55 m^3/万元。

(2) 在食品加工与制造业中：生产油脂产品及熟肉制品的定额值较大，为 50 m^3/t，家禽屠宰为 0.05 m^3/只。

(3) 在饮料制造业中，生产葡萄酒的用水定额最大，为 23 m^3/t，而纯净水和果汁饮料较小，分别为 2 m^3/t 和 2.4 m^3/t。

(4) 在医药制造业，生产异烟肼的用水定额较大，为 6 500 m^3/t，肌醇脂和烟酸次之，为 3 200 m^3/t 和 1 206 m^3/t，西药片剂的定额值为 0.9 m^3/万片。

(5) 电子及通讯设备制造业中，集成电路的定额值为 0.005 m^3/块，综合单耗为 1.28 m^3/万元。

2. 天津市工业用水定额

根据 1999 年水利部“关于加强用水定额编制与管理的通知”要求，天津市节水办公室于 2002 年组织开展了农业用水定额、城市生活用水定额和工业取水定额的编制工作，并于 2003 年 9 月由天津市质量技术监督局发布并开始实施。

天津市《工业产品取水定额》(DB 12/T 101—2003)涵盖了《国民经济行业分类与代码》中除供水工业外的所有工业部门，共涉及 30 个行业、103 个种类、307 种工业产品的用水定额，这些产品是天津市各用水工业部门的主要产品，具有典型的代表性。

工业产品取水定额涵盖了食品加工及制造业、纺织工业、造纸印刷业、炼焦煤气及石化工业、医药制造业、塑料制造业、建材(非金属矿物制品)业、冶金工业、机械、电气、电子设备制造业多个行业及其他工业行业的取水定额。

3. 上海市工业用水定额

上海市水务局 2001 年以沪水务(2001)084 号文件发布了《上海市用水定额(试行)》,其范围是全市主要工业行业主要产品用水定额、非居民城市公共生活用水定额、农业用水定额,共有 95 个行业、436 个定额值。

工业用水定额规定了包括粮食及饲料加工、植物油加工工业、屠宰及肉类蛋类加工、乳制品制造、毛纺织业、造纸业、化学药品制剂制造业、工具制造业等 75 个行业的 393 个产品的定额值。

自 2004 年起上海市水务局对《上海市用水定额(试行)》进行修编,通过数据采集、典型调查和技术测量等方式,从相对简单的非居民城市公共生活用水定额修编逐步向较为复杂的工业行业用水定额推进。目前,《学校、医院、旅馆主要生活用水定额及其计算方法》(DB 31/T 391—2007),已作为地方标准于 2007 年正式颁布。

2010 年,火力发电、电子芯片、饮料、钢铁联合、汽车、棉印染、石油炼制和造纸 8 个行业也发布了地方标准,如下:

(1)《主要工业产品用水定额及其计算方法　第 1 部分:火力发电》(DB 31/T 478.1—2010);

(2)《主要工业产品用水定额及其计算方法　第 2 部分:电子芯片》(DB 31/T 478.2—2010);

(3)《主要工业产品用水定额及其计算方法　第 3 部分:饮料》(DB 31/T 478.3—2010);

(4)《主要工业产品用水定额及其计算方法　第 4 部分:钢铁联合》(DB 31/T 478.4—2010);

(5)《主要工业产品用水定额及其计算方法　第 5 部分:汽车》(DB 31/T 478.5—2010);

(6)《主要工业产品用水定额及其计算方法　第 6 部分:棉印染》(DB 31/T 478.6—2010);

(7)《主要工业产品用水定额及其计算方法　第 7 部分:石油炼制》(DB 31/T 478.7—2010);

(8)《主要工业产品用水定额及其计算方法　第 8 部分:造纸》

（DB 31/T 478.8—2010）。

2011年，又发布了化工（轮胎、烧碱）、食品行业（冷饮、饼干、固体食品饮料）、电气行业（锅炉、冷冻机、升降梯、自动扶梯）、建材行业（商品混凝土）等4项上海市地方标准。

（1）《主要工业产品用水定额及其计算方法　第9部分：化工（轮胎、烧碱）》（DB 31/T 478.9—2011）；

（2）《主要工业产品用水定额及其计算方法　第10部分：食品行业（冷饮、饼干、固体食品饮料）》（DB 31/T 478.10—2011）；

（3）《主要工业产品用水定额及其计算方法　第11部分：电气行业（锅炉、冷冻机、升降梯、自动扶梯）》（DB 31/T 478.11—2011）；

（4）《主要工业产品用水定额及其计算方法　第12部分：建材行业（商品混凝土）》（DB 31/T 478.12—2011）。

为了加强用水定额（试行）的贯彻落实，2001年5月上海市水务局发布了《上海市用水定额（试行）》管理办法。正式颁布比较完善的定额用水管理办法，这在全国尚属首次，也标志着上海的城市节约用水工作朝着科学化、技术化方向迈出了一大步。

4. 重庆市工业用水定额

重庆市经济委员会、重庆市水利局、重庆市市政管理委员会于2001年11月9日以渝经发[2001]189号联合发布了《关于印发〈重庆市部分工业产品用水定额（试行）〉的通知》，共涉及酒精及饮料制造业、棉纺织业等21家企业19个行业的43个产品。并规定对同行业同类型产品用水定额可按此定额上浮5％～10％执行，试行一年。

此后，2006年2月28日，重庆市经济委员会、重庆市水利局、重庆市市政管理委员会以渝经发[2006]11号联合发布了《关于印发〈重庆市第二批工业产品用水定额〉的通知》，对制盐业、粮食及饲料加工业、乳制品制造业、中药材及中成药加工业等行业的产品用水定额作了具体的规定，共计49个行业的121个定额。

5. 山西省工业用水定额

山西是全国严重缺水的省份，全省人均水资源仅是全国人均水平的1/4，世界平均水平的1/20，水资源紧缺已成为经济社会可持续发展的主要制约因素之一。曾发布过《山西省工业及城市生活用水定额》，后山西省水利厅组织有关单位，结合山西省城镇生活现状和现有工业企业生产技术状况，在多次征求有关部门专家以及各市（地）专业人员意见的基础上，修订编制了《山西省用水定额（试行）（工业及城镇生活部分）》，2003年2月由省政府办公厅发布试行。该用水定额包括城镇生活用水定额和工业用水定额两部分。

2008年对原用水定额进行了修订，新修订的《山西省用水定额》内容包括城镇生活、工业用水定额两部分，共修订了11个行业53个门类80种产品的用水定额，同时对490种产品的用水定额进行了补充。

新《用水定额》中对采矿业、木材加工和造纸业、建筑业等高耗水行业的用水定额进行了修订，削减了大部分行业的用水定额。

6. 山东省工业用水定额

山东省是一个水资源严重短缺的省份，全省水资源总量为306亿m^3，仅占全国水资源总量的1.1%，人均占有量仅为全国的1/6。2004年，山东省水利厅与山东省经济贸易委员会联合发布了《山东省电力、造纸、冶金、化工、纺织（丝绸）行业产品用水定额（试行）》。

《山东省电力、造纸、冶金、化工、纺织（丝绸）行业产品用水定额》，经征求省有关行业主管部门和部分企业的意见，以每类企业中综合用水水平中等以上为该类企业的用水定额水平，共确定工业产品用水定额17类63个，其中：

（1）纺织工业产品用水定额4类15个；

（2）电力工业产品用水定额2类9个；

（3）造纸工业产品用水定额2类14个；

（4）化工工业产品用水定额8类21个；

（5）冶金工业产品用水定额1类4个。

这些定额的颁布实行，不仅标志着该省五大工业行业有了科学合理的用水标准，而且对该省面上的用水定额管理将起到重要推动作用。

7. 辽宁省工业用水定额

2003 年 7 月,辽宁省质量技术监督局发布了辽宁省地方标准《行业用水定额》(DB 21/T 1237—2003),2003 年 8 月 20 日正式实施。辽宁省行业用水定额包括农业、工业与生活用水定额。

工业用水定额共涉及煤炭采选业、石油和天然气开采业、黑色金属矿采选业等 35 个行业,其中每个行业又分为若干个子行业,结合生产工艺、生产规模等指标给出了行业产品的用水定额值。其中:建筑业用水定额将土木工程建筑业用水定额单独介绍,建筑业的产品包括砖混(现浇)、砖混(商品混凝土)、框架(现浇)、框架(商品混凝土)四种,并给出了相应的定额值。

8. 江苏省工业用水定额

2005 年江苏省水利厅、质量技术监督局联合公布了修订后的《江苏省工业和城市生活用水定额》(苏水资[2005]4 号),定额覆盖了 132 个行业的 420 个产品,共计 467 个定额。

工业用水定额涉及煤炭采洗业、毛纺织业、乳制品制造业、造纸业、印刷业等 114 个行业,其中每个行业又包括若干种产品,并给出了具体产品的用水定额值。

2010 年,经省人民政府批准,发布实施《江苏省工业用水定额(2010 年修订)》,主要修订了 2005 年发布的《江苏省工业和城市生活用水定额》中工业用水定额,其他服务业、城市生活等定额未作修订,仍按原定额标准执行。

本定额作为制定水长期供求规划、编制区域取水许可总量控制方案、建立用水效益控制红线、编制年度用水计划、建立万元产值用水量参照体系、建设项目水资源论证和取水许可审批,用(节)水评估、排污口论证和审批、收取超定额(计划)加价水资源费(水费)等工作的依据。

9. 广东省工业用水定额

根据《中华人民共和国水法》、国务院《取水许可和水资源费征收管理条例》、《广东省水资源管理条例》等法律法规的规定,广东省编制发布了《广东省用水定额(试行)》。该定额内容涉及农林牧渔业用水、工业用水、城镇公共用水和城镇居民生活用水。从 2007 年 3 月 1 日起试行两年。

工业行业主要产品取水定额共编制完成 133 个工业行业中类 336 种工业产品定额值，而火电、钢铁、石油、棉纺、造纸、啤酒、酒精等七个行业直接引用国家标准。规划要求各地根据水资源实际状况、经济发展水平、企业的生产规模、设备和生产工艺的不同、节水技术的应用等状况的差异，规定的取水定额区间值范围内取用，对新建的工厂，要求取水定额不能高于定额的下限值。

定额对广东省内的大多数大型企业不会产生太大影响，因为这些企业产量大，技术先进，单位产品的耗水量偏低。《定额》的威慑力主要是针对大量产量小、技术落后、耗水量大的小企业，通过阶梯水价提高生产成本，迫使其要么改进技术，要么退出竞争市场。

10. 广西壮族自治区工业用水定额

2010 年，广西壮族自治区质量技术监督局批准发布了由自治区水利厅提出的广西壮族自治区地方标准《工业行业主要产品用水定额》(DB 45/T 678—2010)，并于 2010 年 8 月 30 日起实施。

该定额规定了 24 个工业行业的 150 种主要产品的用水定额，其实施对于建立广西行业用水计划和节约用水、污水排放科学管理指标体系，实行用水总量控制和定额管理相结合的制度，落实节能减排工作要求和建设节水型社会具有重要意义。

11. 四川省工业用水定额

2010 年，根据《中华人民共和国水法》和《取水许可和水资源费征收管理条例》，四川省水利厅和质监局联合发布了新的《四川省用水定额》(修订稿)。

本次修订主要针对 2002 年试行定额中涉及的农业用水、工业用水、城市公共生活用水和居民生活用水进行了调查、核实与修订，增补了农村居民生活用水定额。

此次调整对工业企业制定了更为严格的用水定额。在 90 余个工业行业中，无一个行业用水定额增加，大部分行业用水定额都有较大幅度下降，尤以采煤、有色金属矿采选、陶瓷制品业降幅最为明显。其中，有色金属矿采选业用水定额由原来的 34 m^3/t 降到 6 m^3/t，降幅高达 82%。

12. 河北省工业用水定额

2002 年发布了《河北省用水定额》，2009 年进行了修订，并以地方标准的形式发布，工业用水定额为第二部分，即《用水定额　第 2 部分：工业取水》(DB 13/T 1161.2—2009)，于 2010 年 1 月 1 日起实施。

在制定过程中，贯彻建立节水型工业的用水思路，共计制定了 128 个的 482 种工业产品取水定额。其主要特点：

(1) 采用了“双轨制”(分为考核值和准入值)；

(2) 将建筑取水定额列入工业取水定额中；

(3) 电力行业用水属于用水大户，本次增加了余热发电、生物质发电、垃圾发电的取水定额；

(4) 对于热电企业，除按发电量来进行考核外，增加了供热用水的考核。

13. 甘肃省工业用水定额

甘肃省水资源十分紧缺，供需矛盾突出，人均水资源 1 150 m^3，是全国人均水资源的一半，居全国省市区人均水资源的后列，其中黄河流域人均只有 750 m^3。

甘肃省人民政府于 2004 年 10 月 8 日以甘政发[2004]80 号发布了《甘肃省行业用水定额》，正式颁布实施。定额包括生活用水定额、工业用水定额、农业用水定额。

工业用水定额根据 205 个企业的用水调查资料，经整理、分析、计算，在最初确定的 99 个行业 132 种产品用水定额的基础上，经广泛征求意见，最终确定出 46 个行业 57 种产品的用水定额。

14. 宁夏回族自治区工业用水定额

《宁夏回族自治区工业产品取水定额(试行)》于 2005 年发布，其成果《宁夏工业及城市生活用水定额分析研究》获得宁夏回族自治区科技进步三等奖。

该用水定额分析研究在宁夏区内尚属首次，填补了区内水资源管理领域的一项空白，对推动水资源管理现代化和决策科学化，促进节水型社会建设,实现科技、经济与社会的协调发展,具有重要意义。

宁夏工业用水定额共计制定了 74 个行业的 109 项工业用水定额,涉及面广,涵盖全区工业用水情况。

15. 新疆维吾尔自治区工业用水定额

2007 年,发布了《新疆维吾尔自治区工业和生活用水定额》,该定额作为自治区行政区域内编制水资源规划、开展建设项目水资源论证、实施定额管理、取水许可管理、下达取用水计划、用水和节水评估等工作的依据。

工业用水定额共编制完成 19 个行业的 315 种主要工业产品用水定额。工业用水定额指标指工业企业生产单位产量或产值所取用的新水量指标;工业用水定额中包含与生产直接有关的辅助及附属部门用水。

考虑企业生产条件、各地水资源条件及现状用水水平的差异,对部分工业产品定额用系数进行调整,对部分生活用水项目确定了定额范围。各地应结合当地实际,在定额调整范围内确定实际用水定额值。对本用水定额未覆盖到的工业产品及生活用水项目,各地可在调查分析或水平衡测试等工作的基础上,补充确定其用水定额。

第四章　工业用水定额编制和应用

第一节　编 制 原 则

编制工业用水定额的主要原则是：依法修订的原则；促进工业节约用水和技术进步的原则；有利于工业布局和工业结构调整的原则；因地制宜的原则；持续改进的原则。要做到：

1. 科学合理

用水定额编制应采取科学的方法和程序，在保证生产生活基本用水需求的同时，综合考虑经济成本和用水户承受能力。

2. 节约用水

用水定额应符合节约用水发展趋势，有利于促进节约用水。

3. 因地制宜

用水定额编制要充分考虑本地水资源条件、用水总量指标、经济社会发展水平和工程技术条件，且能根据节水技术的发展和水资源管理的需要适时修订。

4. 可操作性

用水定额是用水户单位取水量的最高限额，是计划用水、取水许可和水资源论证的主要依据。用水定额应和《取水许可技术考核与管理通则》(GB/T 17367—1998)等相关标准相协调，具有可操作性，便于计划用水、取水许可、水资源论证和节水管理。

推行工业用水定额是，提高工业用水效率，促进工业用水管理科学化、规律化和标准化的有效途径。推行工业用水定额的目的之一，就是促使工业逐步走向高效用水和节约用水途径，使少量的水资源投入，产出更多、更优的工业产品。但是制定工业用定额是一项涉及面广、影响因素多、行业特征强、技术难度大，标准化程度高的工作，为了使所制定的工业用水定额能够发挥出预期的作用和实现节约用水的目的，在制定用水定额中必须遵照以上几项基本原则。

第二节　编制程序和内容

一、编制的基本要求

首先，确定基准年，以用水定额报批的前一年为基准年。

其次，收集资料，要求制定用水定额所依据的资料应以基准年前3年（含基准年）实际用水为基础，并广泛收集历史资料和省外同类可比地区相关资料，特别是水平衡及相关试验资料；对收集的资料进行整理时，要检查资料的完整性、准确性、代表性，并进行一致性检验。

二、用水定额编制程序

用水定额编制程序见图4-1。

三、编制内容

按GB/T 4754—2011《国民经济行业分类与代码》，编制各工业行业的用水定额。分别编制工业用水通用定额和先进定额。

通用定额用于现有企业的管理，先进定额用于新建（改建、扩建）项目的水资源论证和取水许可审批。

1. 产品用水定额

产品用水定额指生产单位产品的取水量。产品用水定额按式（4-1）计算。

$$V_{ui}=\frac{V_i}{Q} \tag{4-1}$$

式中：

V_{ui}——某种产品的用水定额；

V_i——生产某种产品的取水量，m^3；

Q——某种产品的产量。

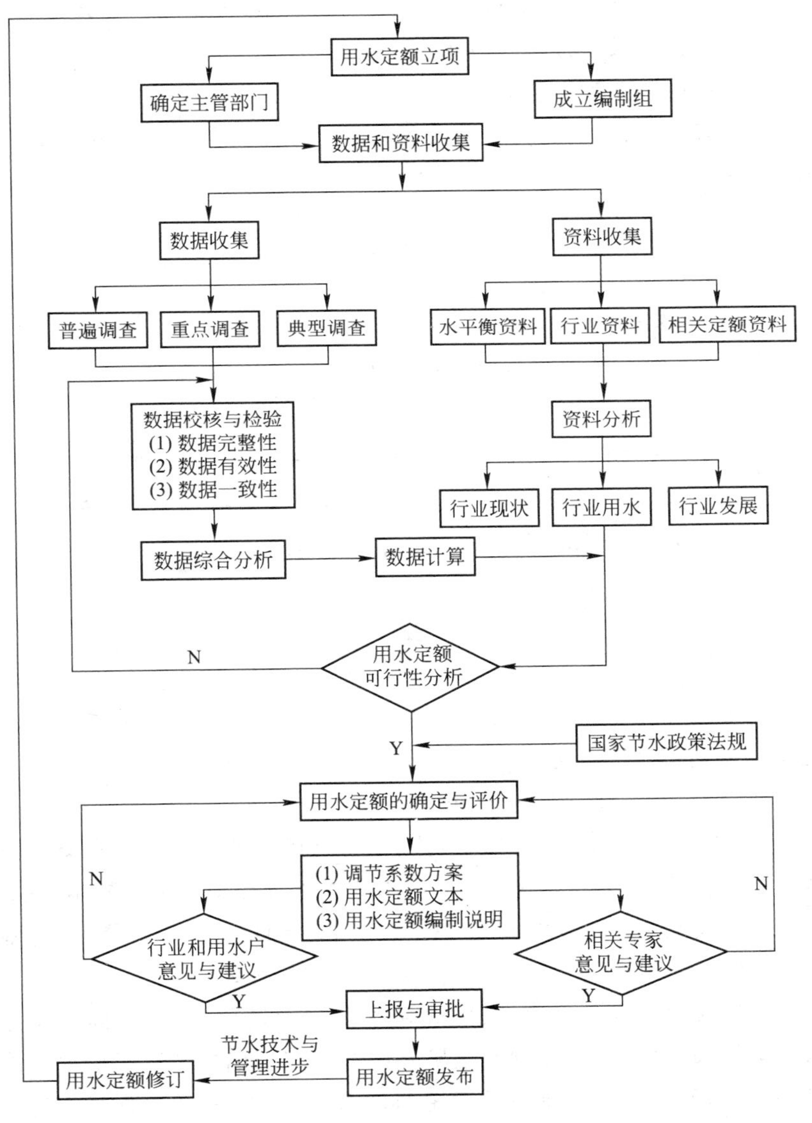

图 4-1　用水定额编制程序框图

产品按《国民经济行业分类与代码》(GB/T 4754—2011)属性归类,无法确定产品属性时,按企业所属行业归类。

工业企业用水定额应以产品用水定额为主，当企业产品较多且用水量较少时，可采用万元产值用水定额。

2．万元产值用水定额

万元产值用水定额一年期内每创造1万元工业总产值的取水量，按式(4-2)计算。

$$V_{czi}=\frac{V_i}{C_z} \tag{4-2}$$

式中：

V_{czi}——万元产值用水定额，m^3/万元；

V_i——一年期内企业生产某类产品的取水量，m^3；

C_z——一年期内企业生产某类产品产生的产值，万元。

工业用水定额计量单位主要有m^3/单位产品和m^3/万元两类。

单位产品单位名称有：t、万m、台、标箱等。

第三节　编制方法

编制通用定额时应参考GB/T 18820—2011《工业企业产品取水定额编制通则》，充分考虑各工业行业和产品的特性，可按工业产品的生产工艺及原料、企业规模进行分类。

首先调查统计各行业的用水资料，每种产品的用水情况调查样本数不应少于10个，样本不足时采用水资源条件相似地区的样本，且必须包含当前最先进的节水水平的样本。调查统计样表、样图参见《企业水平衡测试通则》(GB/T 12452—2008)规定的相关图表。

制定用水定额的过程，其实和用水预测的过程相似，不同的是用水预测倾向于中长期，预测的结果允许有一定的偏差。一般情况下取值都偏大；而用水定额则侧重于短期，准确度要求高，为了保证先进性取值应小于历史数值。但是所采用的资料与使用的方法是大同小异的。

制定工业用水定额的方法很多，一般常用的有以下几种。

一、人为判断法

所谓人为判断就是具有多年工业用水管理和技术实践的专家，根据自己的思维判断和有关的基础资料等综合信息，在仔细分析的基础上经逻辑推断后而提出数值的方法。但该方法并非凭借一个专家，而是由一群具有一定水平的技术和管理人员共同完成的。这种方法简单，省时省力，投入少而难以把握，关键是参加人员的相关经验与综合素质，否则会出现更大的片面性和盲目性，使制定出的用水定额无法操作。

常用的人为判断法主要有三种。

1. 调查推断法

这种方法是根据某些专家就某一领域的用水，所得个人信息度评价的数学平均值。

$$V_{uf}=\overline{V}_{uf}\times k \tag{4-3}$$

式中：

$\overline{V}_{uf}$——近几年的用水定额平均值；

k——系数（百分数）。

这种方法的优点为简单直观，综合信息量大，一般情况下还非常有效，是使用面较广的方法；其缺点是由于 k 值难以掌握，它是建立在多种信息的基础上，经具有丰富实践经验的专家分析测算而来的，所以这方面的专家难以寻觅，要求有一定的观察基础。成果易受个人因素的影响。

2. 主观概率法

该方法是在调查的基础上，选择加权平均数或概率平均数来确定用水定额的方法。

$$\overline{V}_{uf}=\frac{(a+4m+b)}{6} \tag{4-4}$$

$$\Delta=\left|\frac{(a-b)}{6}\right| \tag{4-5}$$

$$V_{uf}=\overline{V}_{uf}+\lambda\Delta \tag{4-6}$$

其中，a，m，b 为定额前期的先进（最低）、一般、落后（最高）的实际用水定额值。

λ 为 Δ 的系数，由正态分布表查得。

这种方法和调查推断比较，所依赖资料性较强，可克服一定的随意性，但所使用的资料过于广泛，针对性较差。

3. 法尔菲法

法尔菲法是在以上两种方法的基础上，在通过较广泛征求有关专家的评判基础上，以重复概率平均值，经多次反复测算后确定用水定额值的方法。其优点是比较大地克服了个人因素。

二、统计分析法

统计分析法是对工业用水的历史资料和当前的用水状况及以后的发展趋势结合起来进行综合分析研究而确定用水定额值的方法，这种方法常用的形式有三种。

1. 二次平均法

以反映实际情况的历年统计值为资料求得用水定额的方法，为了避免其保守性，而采用二次或二次以上平均的方法求得定额值的方法。这种方法一般分三步走。

第一步，剔除统计资料中被认为不现实的数据，即偏高或偏低的数据，这些数据其实是由于生产中的偶然因素影响所致。

第二步，计算平均值。

若以 $V_1V_2V_3\cdots\cdots V_i$ 表示历年统计数据。

则
$$\overline{V}=\frac{V_1+V_2+V_3+\cdots+V_n}{n}=\frac{1}{n}\sum V_i \tag{4-7}$$

第三步，求得二次平均值。

由第二步中求得的平均值$\overline{V}$和统计序列中小于$\overline{V}$的各数据的平均值相加得出的平均值为二次平均值。作为定额值的依据。

$$\overline{V_1}=\frac{V_1+V_2+\cdots+V_k}{k}=\frac{1}{k}\sum V_i \tag{4-8}$$

式中：

$\overline{V}_1$——小于$\overline{V}$的统计数的平均值；

k——小于$\overline{V}$的统计数据个数。

二次平均值$\overline{V}_2$为：

$$\overline{V}_2=(\overline{V}+\overline{V}_1)\frac{1}{2} \tag{4-9}$$

如果用二次平均值的办法所求出的定额值还不具备先进水平的要求，还可进行三次、四次…n 次平均值。

2. 概率测算法

概率测算法和二次平均法不同，是以确定定额值实施的可能性来要求统计分析的方法，以为确定定额提供依据，其程序是：

（1）确定实用数据

对所得的用水统计数据进行分析、整理、除去偏高或偏低的不合理数据。

（2）求平均值$\overline{V}$（参考上述二次平均法）

（3）求均方差 S^2

$$S^2=\frac{1}{n-1}\sum(V_i-\overline{V})^2 \tag{4-10}$$

（4）判定定额水平

用正态分布的概率函数判定。

$$P(V)=\frac{1}{(2\pi)^{\frac{1}{2}}\Delta}\int\exp\frac{-(V-\overline{V})}{2\Delta^2}\mathrm{d}V \tag{4-11}$$

令

$$\lambda=\frac{V-\overline{V}}{\Delta}$$

则

$$\Phi(\lambda)=\frac{1}{(2\pi)^{\frac{1}{2}}}\int\exp\frac{-V^2}{2}\mathrm{d}V \tag{4-12}$$

$$V=\overline{V}+\lambda\Delta \tag{4-13}$$

V_e、λ_e 的相应关系为： $V_e=\overline{V}+\lambda_e\Delta$ (4-14)

由正态分布表求得 λ_e，即可找到相应的累计频率下的定额值 V_e。

3. 统计趋势分析法

以多年来的用水统计资料分析其随时间的变化规律和发展趋势，判定用水定额；根据多年的用水资料，分析其随时间变化规律与发展趋势来确定未来年的用水定额。

三、类比法

类比法是以同类产品用水条件及典型用水定额为基础，经过分析找出类比关系而求得的用水定额的方法。

1. 类比推算法

通过测试或统计分析，求得相似同的关系制定出用水定额。

$$V_k = kV \quad (4\text{-}15)$$

式中：

V——某一产品的用水定额；

V_k——相类似产品的用水定额；

k——类比系数。

2. 图示法

以某一已知的典型用水定额为基础，根据其影响的因素，求所要制定产品的用水定额的方法。

类比法的优越性是制定时工作量不大，省时省事，简便易行，容易掌握，比较准确可信，但最大的缺点是对典型的基础用水定额值的依赖性很大。类比法为同类产品制定一种定额已经迈出了很大一步。如何制定典型的同类产品（有代表性）的用水定额成为关键的一步。

四、技术测定法

技术测定法就是在一定的条件下，通过实际测试而取得的数据再经分析后而确定用水定额的方法。

技术测定法目前大多采用水平衡测试资料为依据，通过用水分析划定用水体系而确定用水定额，其优点是数据来源扎实可靠，可信度高，缺点是不能取得较长的时间序列，对于测试期间某些实际用水事例的影响难以排除。

五、理论计算法

理论计算法是根据生产工艺的用水技术要求及用水设备的设计

用水量，利用理论计算公式而确定的生产用水量与相应的设计产量而推算出用水定额的方法。

以上介绍的用水定额的各项制定方法都有可取之处，其共同长处是取材比较广泛，计算比较合理，推理也比较严谨，所制定出的用水定额对于某些企业有一定的适用性。但是由于资料来源的基础不够明确，可能是专业化生产很突出的企业，也可能是大而全的综合性企业，而且对于影响用水定额的各种因素都没有作具体的分析，所取得的资料本身就是各种影响因素综合作用下形成的原始数据。资料来源的基础及定额实施的范围都锁定在综合性的用水体系中，但是这个综合性的用水体系在不同的企业差别是非常大的，所以在这种情况下制定出的用水定额适用性值得思考。

第四节　应　　用

工业用水定额的应用和管理不仅是水资源管理和节约用水管理的基本内容，而且也是企业管理的基础之一。用水定额是以经济手段加强用水管理，促进企业节水，降低企业成本，是考核经济效果的基础工作，对于节水用水提高水资源利用效率，增加企业经济效益，促进可持续发展都具有十分重要的意义。

用水定额管理是水资源管理的基础性工作，是节水型社会建设的核心任务之一，也是实行最严格水资源管理制度的手段和工具。《中华人民共和国水法》明确提出“国家对用水实行总量控制和定额管理相结合的制度”。《取水许可和水资源费征收管理条例》规定“按照行业用水定额核定的用水量是取水量审批的主要依据”。全面加强用水定额管理，将用水定额应用于工业水资源管理的各个环节中，已经成为一项十分重要而紧迫的任务。

一、概述

用水定额是衡量各行业、各企业计划用水和节约用水的重要依据，编制各行业用水定额，把用水指标量化，切实以用水定额为主要依据核定取水量和下达工业用水计划，加强用水定额的管理和计量工作，实施超定额或超计划用水累进加价制度，并将定额管理的理念和内容落实到工业水资源管理的各个环节，对于促进节约用水、保护水资源、减少废污水排放量、减缓水资源供需矛盾、激发公众内在自律节水的动力，以及保障节水型社会的建设具有重要的作用。

编制用水定额，将用水定额应用于水资源管理的各个环节中，是实行最严格水资源管理制度的基础性工作。用水定额的实施运用，有助于水行政主管部门科学核定水资源开发利用红线，严格实行用水总量控制；有助于水行政主管部门确立用水定额和用水效率控制红线，提高水资源的利用效率和效益；有助于遏制用水过程中的浪费，减少入河排污总量，控制水功能区限制纳污红线；有助于缓解水资源供需矛盾，推动节水型企业的顺利发展。

二、应用

用水定额可用于以下几个方面(图 4-2)。

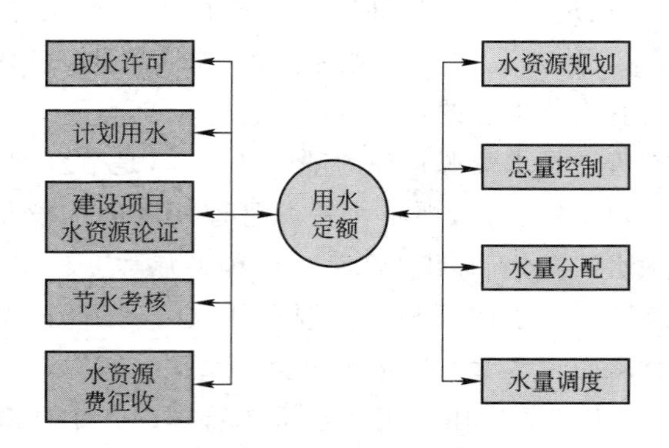

图 4-2 用水定额应用于工业环节

1. 水资源规划

在制定流域、区域水资源规划中，用水定额主要应用于现状用水水平分析、节水潜力分析和需水预测等方面。

2. 工业计划用水和取水许可管理

工业计划用水制度是水资源管理的一项基本制度，它要求根据区域水资源条件和经济社会发展对工业用水的需求等，科学合理地制定工业用水计划，并按照用水计划合理安排使用水资源。在工业计划用水管理中，用水定额主要用于工业计划用水户水量校核，从而确定和校核不同工业用水的用水计划指标。

取水许可制度是体现国家对水资源实施属性管理和统一管理的一项重要制度，是调控水资源供求关系的基本手段。《取水许可和水资源费征收管理条例》第十六条规定"按照行业用水定额核定的用水量是取水量审批的主要依据。"因此，在取水许可管理中，用水定额重点是用于核定企业或单位用水量，进而发放取水许可证。

3. 工业建设项目水资源论证

工业建设项目水资源论证制度是实施水资源合理配置的有效手段，是提升取水许可审批科学性和合理性的重要措施。用水定额主要应用于工业项目用水合理性分析，一般以是否满足本行业先进用水定额作为判定用水合理性的标准。

4. 工业水资源费征收和超定额累进加价

《取水许可和水资源费征收管理条例》规定："取水单位或个人应当按照经批准的年度取水计划取水，超计划或者超定额取水的，对超计划或者超定额部分累进收取水资源费。在水资源费征收中，用水定额主要用于各行业超定额、超计划征收水资源费。"

超定额累进加价是《中华人民共和国水法》第四十九条规定的水资源管理内容。用水定额主要用于针对工业用水户的水量核算与控制，采用经济手段强化工业节水的重要性，是制定超定额累进加价的重要基础。

5. 工业节水管理

主要将用水定额作为评价、考核工业用水户节水水平的依据，实施日常节水管理，促进用水户节水。

6. 总量控制和水量分配与调度

实施水量分配和总量控制是《中华人民共和国水法》第四十六条

和第四十七条明确规定的水资源管理内容。用水定额主要用于区域不同层次水量分解、核算和控制，使水量控制目标科学合理地落实到用户终端。

水量调度是水量分配的一个执行过程。在水量调度中，用水定额主要用于水量调度、核算和控制。

附　　录

用水节水相关法律法规及政策

（节选）

一、《中华人民共和国水法》

第一章　总　　则

第一条　为了合理开发、利用、节约和保护水资源，防治水害，实现水资源的可持续利用，适应国民经济和社会发展的需要，制定本法。

第四条　开发、利用、节约、保护水资源和防治水害，应当全面规划、统筹兼顾、标本兼治、综合利用、讲求效益，发挥水资源的多种功能，协调好生活、生产经营和生态环境用水。

第七条　国家对水资源依法实行取水许可制度和有偿使用制度。但是，农村集体经济组织及其成员使用本集体经济组织的水塘、水库中的水除外。国务院水行政主管部门负责全国取水许可制度和水资源有偿使用制度的组织实施。

第八条　国家厉行节约用水，大力推行节约用水措施，推广节约用水新技术、新工艺，发展节水型工业、农业和服务业，建立节水型社会。

各级人民政府应当采取措施，加强对节约用水的管理，建立节约用水技术开发推广体系，培育和发展节约用水产业。

单位和个人有节约用水的义务。

第十条　国家鼓励和支持开发、利用、节约、保护、管理水资源和防治水害的先进科学技术的研究、推广和应用。

第十一条　在开发、利用、节约、保护、管理水资源和防治水害等方面成绩显著的单位和个人，由人民政府给予奖励。

第五章　水资源配置和节约使用

第四十七条　国家对用水实行总量控制和定额管理相结合的

制度。

省、自治区、直辖市人民政府有关行业主管部门应当制订本行政区域内行业用水定额，报同级水行政主管部门和质量监督检验行政主管部门审核同意后，由省、自治区、直辖市人民政府公布，并报国务院水行政主管部门和国务院质量监督检验行政主管部门备案。

县级以上地方人民政府发展计划主管部门会同同级水行政主管部门，根据用水定额、经济技术条件以及水量分配方案确定的可供本行政区域使用的水量，制定年度用水计划，对本行政区域内的年度用水实行总量控制。

第四十八条 直接从江河、湖泊或者地下取用水资源的单位和个人，应当按照国家取水许可制度和水资源有偿使用制度的规定，向水行政主管部门或者流域管理机构申请领取取水许可证，并缴纳水资源费，取得取水权。但是，家庭生活和零星散养、圈养畜禽饮用等少量取水的除外。

实施取水许可制度和征收管理水资源费的具体办法，由国务院规定。

第四十九条 用水应当计量，并按照批准的用水计划用水。

用水实行计量收费和超定额累进加价制度。

第五十条 各级人民政府应当推行节水灌溉方式和节水技术，对农业蓄水、输水工程采取必要的防渗漏措施，提高农业用水效率。

第五十一条 工业用水应当采用先进技术、工艺和设备，增加循环用水次数，提高水的重复利用率。

国家逐步淘汰落后的、耗水量高的工艺、设备和产品，具体名录由国务院经济综合主管部门会同国务院水行政主管部门和有关部门制定并公布。生产者、销售者或者生产经营中的使用者应当在规定的时间内停止生产、销售或者使用列入名录的工艺、设备和产品。

第五十二条 城市人民政府应当因地制宜采取有效措施，推广节水型生活用水器具，降低城市供水管网漏失率，提高生活用水效率；加强城市污水集中处理，鼓励使用再生水，提高污水再生利用率。

第五十三条 新建、扩建、改建建设项目，应当制订节水措施方案，配套建设节水设施。节水设施应当与主体工程同时设计、同时施工、同时投产。

供水企业和自建供水设施的单位应当加强供水设施的维护管理，减少水的漏失。

第五十四条 各级人民政府应当积极采取措施，改善城乡居民的饮用水条件。

第五十五条 使用水工程供应的水，应当按照国家规定向供水单位缴纳水费。供水价格应当按照补偿成本、合理收益、优质优价、公平负担的原则确定。具体办法由省级以上人民政府价格主管部门会同同级水行政主管部门或者其他供水行政主管部门依据职权制定。

二、《取水许可和水资源费征收管理条例》

第一章 总 则

第一条 为加强水资源管理和保护，促进水资源的节约与合理开发利用，根据《中华人民共和国水法》，制定本条例。

第二条 本条例所称取水，是指利用取水工程或者设施直接从江河、湖泊或者地下取用水资源。

取用水资源的单位和个人，除本条例第四条规定的情形外，都应当申请领取取水许可证，并缴纳水资源费。

本条例所称取水工程或者设施，是指闸、坝、渠道、人工河道、虹吸管、水泵、水井以及水电站等。

第九条 任何单位和个人都有节约和保护水资源的义务。

对节约和保护水资源有突出贡献的单位和个人，由县级以上人民政府给予表彰和奖励。

第三章 取水许可的审查和决定

第十六条 按照行业用水定额核定的用水量是取水量审批的主要依据。

省、自治区、直辖市人民政府水行政主管部门和质量监督检验管理部门对本行政区域行业用水定额的制定负责指导并组织实施。

尚未制定本行政区域行业用水定额的，可以参照国务院有关行业主管部门制定的行业用水定额执行。

第四章　水资源费的征收和使用管理

第二十八条　取水单位或者个人应当缴纳水资源费。

取水单位或者个人应当按照经批准的年度取水计划取水。超计划或者超定额取水的，对超计划或者超定额部分累进收取水资源费。

水资源费征收标准由省、自治区、直辖市人民政府价格主管部门会同同级财政部门、水行政主管部门制定，报本级人民政府批准，并报国务院价格主管部门、财政部门和水行政主管部门备案。其中，由流域管理机构审批取水的中央直属和跨省、自治区、直辖市水利工程的水资源费征收标准，由国务院价格主管部门会同国务院财政部门、水行政主管部门制定。

第三十二条　水资源费缴纳数额根据取水口所在地水资源费征收标准和实际取水量确定。

水力发电用水和火力发电贯流式冷却用水可以根据取水口所在地水资源费征收标准和实际发电量确定缴纳数额。

三、《中共中央国务院关于加快水利改革发展的决定》（中发[2011]1号）

一、新形势下水利的战略地位

二、水利改革发展的指导思想、目标任务和基本原则

（三）指导思想

（四）目标任务。力争通过5年到10年努力，从根本上扭转水利建设明显滞后的局面。到2020年，基本建成防洪抗旱减灾体系，重点城市和防洪保护区防洪能力明显提高，抗旱能力显著增强，“十二五”期间基本完成重点中小河流（包括大江大河支流、独流入海河流和内陆河流）重要河段治理、全面完成小型水库除险加固和山洪灾害易发

区预警预报系统建设；基本建成水资源合理配置和高效利用体系，全国年用水总量力争控制在 6 700 亿 m^3 以内，城乡供水保证率显著提高，城乡居民饮水安全得到全面保障，万元国内生产总值和万元工业增加值用水量明显降低，农田灌溉水有效利用系数提高到 0.55 以上，"十二五"期间新增农田有效灌溉面积 4 000 万亩；基本建成水资源保护和河湖健康保障体系，主要江河湖泊水功能区水质明显改善，城镇供水水源地水质全面达标，重点区域水土流失得到有效治理，地下水超采基本遏制；基本建成有利于水利科学发展的制度体系，最严格的水资源管理制度基本建立，水利投入稳定增长机制进一步完善，有利于水资源节约和合理配置的水价形成机制基本建立，水利工程良性运行机制基本形成。

（五）基本原则

三、突出加强农田水利等薄弱环节建设

四、全面加快水利基础设施建设

五、建立水利投入稳定增长机制

六、实行最严格的水资源管理制度

（十九）建立用水总量控制制度

（二十）建立用水效率控制制度。确立用水效率控制红线，坚决遏制用水浪费，把节水工作贯穿于经济社会发展和群众生产生活全过程。加快制定区域、行业和用水产品的用水效率指标体系，加强用水定额和计划管理。对取用水达到一定规模的用水户实行重点监控。严格限制水资源不足地区建设高耗水型工业项目。落实建设项目节水设施与主体工程同时设计、同时施工、同时投产制度。加快实施节水技术改造，全面加强企业节水管理，建设节水示范工程，普及农业高效节水技术。抓紧制定节水强制性标准，尽快淘汰不符合节水标准的用水工艺、设备和产品。

（二十一）建立水功能区限制纳污制度

（二十二）建立水资源管理责任和考核制度

七、不断创新水利发展体制机制

八、切实加强对水利工作的领导

四、《国务院关于实行最严格水资源管理制度的意见》（国发[2012]3号）

一、总体要求

（一）指导思想

（二）基本原则

（三）主要目标

确立水资源开发利用控制红线，到2030年全国用水总量控制在7 000亿m^3以内；确立用水效率控制红线，到2030年用水效率达到或接近世界先进水平，万元工业增加值用水量（以2000年不变价计，下同）降低到40 m^3以下，农田灌溉水有效利用系数提高到0.6以上；确立水功能区限制纳污红线，到2030年主要污染物入河湖总量控制在水功能区纳污能力范围之内，水功能区水质达标率提高到95%以上。

为实现上述目标，到2015年，全国用水总量力争控制在6 350亿m^3以内；万元工业增加值用水量比2010年下降30%以上，农田灌溉水有效利用系数提高到0.53以上；重要江河湖泊水功能区水质达标率提高到60%以上。到2020年，全国用水总量力争控制在6 700亿m^3以内；万元工业增加值用水量降低到65 m^3以下，农田灌溉水有效利用系数提高到0.55以上；重要江河湖泊水功能区水质达标率提高到80%以上，城镇供水水源地水质全面达标。

二、加强水资源开发利用控制红线管理，严格实行用水总量控制

三、加强用水效率控制红线管理，全面推进节水型社会建设

（十）全面加强节约用水管理。各级人民政府要切实履行推进节水型社会建设的责任，把节约用水贯穿于经济社会发展和群众生活生产全过程，建立健全有利于节约用水的体制和机制。稳步推进水价改革。各项引水、调水、取水、供用水工程建设必须首先考虑节水要求。水资源短缺、生态脆弱地区要严格控制城市规模过度扩张，限制高耗水工业项目建设和高耗水服务业发展，遏制农业粗放用水。

（十一）强化用水定额管理。加快制定高耗水工业和服务业用水定额国家标准。各省、自治区、直辖市人民政府要根据用水效率控制

红线确定的目标，及时组织修订本行政区域内各行业用水定额。对纳入取水许可管理的单位和其他用水大户实行计划用水管理，建立用水单位重点监控名录，强化用水监控管理。新建、扩建和改建建设项目应制订节水措施方案，保证节水设施与主体工程同时设计、同时施工、同时投产（即“三同时”制度），对违反“三同时”制度的，由县级以上地方人民政府有关部门或流域管理机构责令停止取用水并限期整改。

（十二）加快推进节水技术改造。制定节水强制性标准，逐步实行用水产品用水效率标识管理，禁止生产和销售不符合节水强制性标准的产品。加大农业节水力度，完善和落实节水灌溉的产业支持、技术服务、财政补贴等政策措施，大力发展管道输水、喷灌、微灌等高效节水灌溉。加大工业节水技术改造，建设工业节水示范工程。充分考虑不同工业行业和工业企业的用水状况和节水潜力，合理确定节水目标。有关部门要抓紧制定并公布落后的、耗水量高的用水工艺、设备和产品淘汰名录。加大城市生活节水工作力度，开展节水示范工作，逐步淘汰公共建筑中不符合节水标准的用水设备及产品，大力推广使用生活节水器具，着力降低供水管网漏损率。鼓励并积极发展污水处理回用、雨水和微咸水开发利用、海水淡化和直接利用等非常规水源开发利用。加快城市污水处理回用管网建设，逐步提高城市污水处理回用比例。非常规水源开发利用纳入水资源统一配置。

四、加强水功能区限制纳污红线管理，严格控制入河湖排污总量

五、保障措施

吉林省工业节水管理办法

第一条 为了节约工业用水，提高工业用水的利用效率，创建节水型工业企业，促进经济社会可持续发展，依据《中华人民共和国水法》、《吉林省节约能源条例》和《国务院办公厅关于开展资源节约活动的通知》（国办发[2004]30号）文件，结合全省水资源现状和工业用水的实际情况，本着节约有奖、浪费有罚的原则，制定本办法。

第二条 本办法适用于在吉林省行政区域内的所有工业企业。

第三条 本办法所称节约用水，是指通过技术进步、综合利用、科学管理及产品、产业结构合理化等途径，直接或间接地降低单位产品的用水量，以最合理的用水量取得最大的经济效益。

第四条 吉林省经济委员会是全省工业节水的主管部门，负责全省工业节水的日常监督管理工作。吉林省节能监察中心具体负责和指导各级节能监察（监测）中心，开展节水监察工作。

县级以上人民政府经济行政主管部门，负责本行政区域内工业节水的监督管理工作。

各工业企业主要负责人负责本单位节约用水工作。根据工业节水管理工作需要，设立相应的工业节水管理机构或配备专、兼职人员负责日常管理。年耗水10万吨以上的企业应设专职人员，企业应建立厂长、车间、班组三级节水管理网。

第五条 省工业节水主管部门，要依据国家工业节水规划、全省水资源拥有量与工业耗水量，制定出本省的工业节水规划。规划每五年修订一次。

第六条 省工业节水主管部门，要依据国家对工业用水行业的取水定额，结合本省的实际情况，制定出适合本省各行业的取水定额（取水定额每五年修订一次），并组织实施；各级工业节水主管部门，按照工业企业的取水定额，监督检查和管理本行政区内工业企业取水工作，坚决制止各种超额取水现象。

第七条 省工业节水主管部门，根据工作需要，定期委托能源监测机构，对工业企业开展水平衡测试。通过测试，考核企业的用水定额。根据全省工业企业用水的特点，列入省重点用水行业的有：电力、钢铁、有色、石油石化、造纸、纺织、机械、化工、建材、烟酒、医药、印染等。水平衡测试工作每两年开展一次；以督促检查企业是否超定额用水。

考核企业的用水定额，实行分级管理。吉林省行政区内年取水量为 50 万吨以上企业由省能源利用监测中心负责水平衡测试工作；市(州)能源监测机构负责本行政区域内企业的水平衡测试工作。没有成立能源监测机构的市(州)，市(州)工业节水主管部门委托省级监测机构负责此项工作。测试计划、结果报省、市州两级工业节水主管部门备案。水平衡测试费由企业支付，收费按吉林省物价局吉省价经字[2002]28 号文件制定的标准执行。

第八条 根据发布鼓励发展的节水技术、工艺、设备和产品目录，限期淘汰落后的耗水量高的技术、工艺、设备和产品。生产者、销售者、使用者应当在规定的时限内，停止生产、销售、使用列入淘汰范围的高耗水技术、工艺、设备和产品。

第九条 各工业企业的供、用水装置均应按国家有关规范及产品标准要求设计、制造和安装。所有供、用水装置必须定期检测和维护，严防泄露。

第十条 工业节水主管部门要会同财政、税务部门，在资金和税收方面制定相应的优惠政策。鼓励开发、研制新型节水技术、工艺、设备和产品。工业节水做出成绩的企业，同时也可享受节水方面的优惠政策。

第十一条 逐步开展省级节水器具和产品的认证推广工作，逐步淘汰耗水量高的用水器具和产品。

第十二条 被省工业节水主管部门确定的省重点用水企业，应根据国家节水型工业企业的标准，积极开展创建节水型企业的活动。

第十三条 新建、改建和扩建工业项目，节水设施应当与主体工程同时设计、同时施工、同时投入运行。工业企业要做到用水计划到位、节水目标到位、管水制度到位。严格限制新上高用水项目。

第十四条 工业节水主管部门要定期开展节约用水考核。主要产品的取水量考核，一般可采用单位产品取水量的考核办法，考核量应占企业总取水量的75%以上。不便采用单位产品取水量考核的多品种，小批量生产的工业企业，可采用万元产值取水量的考核办法，考核量应占企业总取水量55%以上。

第十五条 加强对超定额用水管理。按照新核定的用水定额标准，省经委将会同水资源、城市用水及物价管理部门研究制定梯次差别用水价格。对超定额，超标准用水的企业单位征收超额用水加价水费，并责令其采取有效措施，在规定时间内完成节水改造，达到核定用水定额标准。

第十六条 要经常开展工业节水的宣传、教育，普及节水知识。要对企业负责人和负责工业节水管理人员进行不同层次的教育和培训。同时也要加强对工业节水执法监督人员和监测机构人员的培训工作，不断提高工业节水的技术水平、执法监督和检测的服务水平。

第十七条 工业企业应当加强工业节水基础管理，制定工业节水计划和规章制度。要有详细的用水台账，如实报送企业的取水量。定期校对计量器具、仪表的准确性。

第十八条 工业企业应当采取分质用水，一水多用，中水回用，减少取水量和废水排放量。提高水的重复利用率，推广废水资源化和“零”排放技术。

第十九条 工业企业，特别是重点耗水企业，要开展创建节水型工业企业活动。对节水型工业企业予以表彰和奖励。节水型工业企业在新建、改建和扩建项目时，将优先保证用水。

第二十条 工业企业要依据国家和上级主管部门有关工业企业及节约用水的法律、规定和要求，制定本企业节约用水的管理制度。主要包括：

1. 领导及管理干部的岗位职责；

2. 生产用水管理规定；

3. 节水技术改造、用水设备采购管理规定；

4. 高耗水设备及产品淘汰办法；

5. 重点用水岗位操作工人培训办法；

6. 单位产品耗水定额考核办法；

7. 水平衡及日常测试实施办法；

8. 节约用水奖罚办法。

第二十一条 省财政、税务行政主管部门对节水型工业企业，根据实际情况，给予一定的补助，并减免有关事业性收费等，支持节水技术改造和废水回用。

第二十二条 企业节约用水技术改造国产设备投资的40%，可按财政部、国家税务总局财税字[1999]290号文件有关规定，抵减当年新增所得税。

以废水为原料生产的产品，可按财政部、国家税务总局财税字[1999]001号文件的有关规定减免所得税5年。

第二十三条 企业节约用水奖励办法由企业逐级申报，并由各市、州工业节水主管部门审批报省经委备案后实施。

第二十四条 省工业节水主管部门每年将会同有关部门对节约用水先进企业、先进集体、先进工作者进行年度表彰和奖励。对节约用水技术改造项目优先立项，建成后享受有关优惠政策，企业可以按节约用水量折合水价的40%提取节水奖金，用于企业先进集体和个人的奖励。

第二十五条 各企业要鼓励职工参加节约用水活动，对节约用水提出合理化建议并达到实效的，应按照国家有关规定对建议人予以奖励。

第二十六条 违反本办法第八条规定，工业节水主管部门根据《中华人民共和国水法》第六十八条之规定，对相关工业企业进行处罚。

第二十七条 违反本办法第十三条规定，工业建设项目的节水设施没有建成或者没有达到国家规定的要求，擅自投入使用的，各级工业节水主管部门会同水资源和城市用水主管部门，依法责令停止生产，限期改正。

第二十八条 违反本办法第十五条规定，省、市(州)两级工业节水主管部门，根据《城市用水管理条例》和省、市州相关管理规定对超定额取水部分加价收费。

第二十九条 本办法由省经济委员会负责解释。

第三十条 本办法自2004年8月1日起施行。

工业和信息化部关于进一步加强工业节水工作的意见

工信部 节〔2010〕218 号

各省、自治区、直辖市及计划单列市、新疆生产建设兵团工业和信息化主管部门，有关行业协会、中央企业：

为加快建设节水型工业，缓解我国水资源供需矛盾，促进我国工业经济与水资源和环境的协调发展，现就进一步加强工业节水工作提出如下意见。

一、深刻认识工业节水工作的重要性和紧迫性

（一）水资源短缺已成为我国经济社会可持续发展的制约因素。我国是一个水资源贫乏的国家，人均水资源量仅为 1 785 立方米，约为世界人均水平的四分之一，逼近联合国可持续发展委员会确定的 1 750立方米用水紧张线。我国水资源分布不均衡，与人口、土地和经济布局不相匹配。近年来我国极端气候频发，地区间水资源分布不均的矛盾加剧。水资源短缺问题日趋突出，已对部分地区生产生活的正常进行产生不利影响。

（二）工业用水需求呈增长趋势将进一步凸现水资源短缺的矛盾。目前，我国工业取水量占总取水量的四分之一左右，其中高用水行业取水量占工业总取水量 60%左右。随着工业化、城镇化进程的加快，工业用水量还将继续增长，水资源供需矛盾将更加突出。

（三）工业用水效率总体水平较低。“十一五”以来，我国工业用水效率不断提升，但总体水平较发达国家仍有较大差距。2009 年，我国万元工业增加值用水量为 116 立方米，远高于发达国家平均水平；工业废水排放量占全国总量 40%以上，仍有 8%左右的废水未达标排放，既影响重复利用水平，也一定程度污染环境。总体上看，工业节水潜力巨大。切实加强工业节水工作，对加快转变工业发展方式，建设资源节约型、环境友好型社会，增强可持续发展能力具有十分重要的

意义。

二、工业节水工作的总体思路

（四）加强工业节水工作，以科学发展观为指导，按照党的十七大提出的走中国特色新型工业化道路要求，坚持开源节流并重、节约为主的方针，以提高水的利用效率为核心，以水资源紧缺、供需矛盾突出的地区和高用水行业为重点，以企业为主体，加强科技进步和技术创新，加大结构调整和技术改造力度，强化监督管理，加强污水综合治理回用，全面提升工业节约用水能力和水平，努力建设节水型工业。

三、当前工业节水工作重点

（五）加快淘汰落后高用水工艺、设备和产品。依据《重点工业行业取水指导指标》(见附件)，对现有企业达不到取水指标要求的落后产能，要进一步加大淘汰力度。组织编制落后的高用水工艺、设备和产品目录，加快淘汰高用水工艺、设备和产品步伐。组织研究工业节水器具、设备认证评价制度和实施方案，发布工业节水器具和设备目录，加快推进工业节水器具和设备认证评价工作，适时推进市场准入制度。

（六）大力推广节水工艺技术和设备。围绕工业节水重点，组织研究开发节水工艺技术和设备，大力推广《当前国家鼓励发展的节水设备(产品)》，重点推广工业用水重复利用、高效冷却、热力和工艺系统节水、洗涤节水、工业给水和废水处理、非常规水资源利用等通用节水技术和生产工艺。近期重点在钢铁、纺织、造纸和食品发酵等行业推进节水技术进步。

钢铁行业：推广干法除尘、干熄焦、干式高炉炉顶余压发电(TRT)、清污分流、循环串级供水技术等，开发和推广高氨氮及高化学需氧量(COD)等废水处理及含油(泥)、高盐废水处理回用和酸洗液回收利用技术。

纺织行业：推广喷水织机废水处理再循环利用系统、棉纤维素新制浆工艺节水技术、缫丝工业污水净化回用装置、洗毛污水“零”排放多循环处理设备、印染废水深度处理回用技术、逆流漂洗、冷轧堆染色、湿短蒸工艺、高温高压气流染色、针织平幅水洗，以及数码喷墨印花、转移印花、涂料印染等少用水工艺技术、自动调浆技术和设备等在线监控技术与装备。

造纸行业：推广连续蒸煮、多段逆流洗涤、封闭式洗筛系统、氧脱木素、无元素氯或全无氯漂白、中高浓技术和过程智能化控制技术、制浆造纸水循环使用工艺系统、中段废水物化生化多级深度处理技术，以及高效沉淀过滤设备、多圆盘过滤机、超效浅层气浮净水器等。

食品与发酵行业：推广湿法制备淀粉工业取水闭环流程工艺、高浓糖化醪发酵（酒精、啤酒等）和高浓度母液（味精等）提取工艺，浓缩工艺普及双效以上蒸发器，推广应用余热型溴化锂吸收式冷水机组，开发应用发酵废母液、废糟液回用技术，以及新型螺旋板式换热器和工业型逆流玻璃钢冷却塔等新型高效冷却设备等。

（七）切实加强重点行业取水定额管理。严格执行取水定额国家标准，对钢铁、染整、造纸、啤酒、酒精、合成氨、味精和医药等行业，加大已发布取水定额国家标准实施监查力度，对不符合标准要求的企业，限期整改。加快完善取水定额标准体系建设，尽快出台氧化铝、乙烯和棉纺织等其他高用水行业的取水定额标准。强化高用水行业企业生产过程和工序用水管理，制定和实施钢铁行业焦化、烧结球团、炼铁、炼钢、热轧、冷轧等主要工序用水定额和节水标准。

（八）严格控制新上高用水工业项目。各地区尤其是水资源紧缺、供需矛盾突出的地区，要根据自身水资源条件，合理调整产业结构和工业布局，优化配置水资源。对钢铁、纺织、造纸等重点用水行业新建企业（项目），应达到《重点工业行业取水指导指标》规定的新建企业（项目）取水指标。

（九）积极推进企业水资源循环利用和工业废水处理回用。采用高效、安全、可靠的水处理技术工艺，大力提高水循环利用率，降低单位产品取水量。加强废水综合处理，实现废水资源化，减少水循环系统的废水排放量。加快培育节水和废水处理回用专业技术服务支撑体系。鼓励专业节水和废水处理回用服务公司联合设备供应商、融资方和用水企业，实施节水和废水处理回用技术改造项目。在造纸、钢铁等行业，逐步推广特许经营、委托营运等专业化模式，提高企业节水管理能力和废水资源化利用率；开展废水“零”排放示范企业创建活动，树立一批行业“零”排放示范典型。鼓励各级工业园区、经济技术开发区、高新技术开发区采取统一供水、废水集中治理模式，实施专业化运营，实现水资源梯级优化利用。

（十）组织开展节水型企业评价试点。加快制定实施重点行业节水型企业评价标准，建立节水型企业评价考核制度。依据《节水型企业评价导则》和《重点工业行业取水指导指标》，在钢铁、纺织、造纸等行业组织开展节水型企业评价试点工作。抓紧树立一批节水型企业示范典型，总结推广节水型企业的成功经验，通过配套鼓励政策、社会监督、舆论引导等措施，推动重点行业加快节水型企业建设。

（十一）夯实工业企业节水管理基础。强化工业用水源头监管，加快建立和实行工业节水设施“三同时”制度，推进工业企业节水设施与工业主体工程同时设计、同时施工、同时投入运行。严格执行《用水单位水计量器具配备和管理通则》强制性国家标准和《企业水平衡测试通则》、《企业用水统计通则》等相关国家标准，督促工业企业加快配备水计量器具，规范用水计量和统计工作。加快《工业企业用水管理导则》及重点行业工业废水处理回用等相关标准的编制和修订工作，进一步完善工业节水标准体系。鼓励和支持工业企业利用信息化技术提高节水管理水平，加快建设用水、节水管理信息系统，开展用水在线监测。

（十二）加强非常规水资源利用。加强海水、矿井水、雨水、再生水、微咸水等非常规水资源的开发利用。鼓励和支持沿海高用水企业配套建设海水淡化项目，以及直接利用海水替代冷却水。积极推进矿区开展矿井水资源化利用，鼓励钢铁等企业充分利用城市再生水。支持有条件的工业园区、企业开展雨水集蓄利用。

四、加强工业节水工作的组织指导和政策支持

（十三）各地区工业主管部门要把工业节水作为推进工业发展方式转变的一项重要任务抓紧抓好。切实加强组织领导，抓紧制定具体实施方案，落实目标责任制，做到责任到位、措施到位、投入到位、监管

到位，确保实现“十一五”规划纲要提出的单位工业增加值用水量降低30％约束性目标。水资源紧缺和供需矛盾突出的地区，尤其要加大工作力度，结合实际情况，制定更为严格的取水定额标准，采取更严格的措施，切实抓好工业节水工作。各地区要加强对高用水、高污染行业重点企业进行监督和考核，促进企业落实节水措施，全面提高工业用水效率。要加强与地方有关部门的沟通协调，围绕创建节水型企业和废水“零”排放示范企业，组织开展工业节水专项研究，加快编制本地区工业节水“十二五”规划，把工业节水工作推向新阶段。

（十四）有关行业协会要积极协调服务，推动节水工作。组织开展行业节水专项研究，为节水技术、设备、器具、产品的推广应用提供服务支持。加快推进行业节水“十二五”规划的编制工作，组织开展行业取水定额指标的修订，加强超前性标准定额的研究工作。

（十五）强化工业企业节水的主体责任。工业企业要牢固树立节约发展的理念，把节水工作贯穿企业管理、生产全过程。各工业企业特别是高用水企业要根据国家、地方和行业节水规划及工业取水定额的要求，制定企业节水计划、节水目标，通过强化管理、加强技术改造、开展水平衡测试等措施，挖掘节水潜力，提高用水效率。中央企业集团要积极应用先进节水技术、工艺和装备，率先创建节水示范企业和污水“零”排放企业。

（十六）加大对工业节水的资金支持。国家在安排中央预算内技术改造资金时，对运用先进技术、符合《重点工业行业取水指导指标》先进企业要求的技术改造项目予以优先支持。各地工业主管部门在安排节能减排资金、地方技术改造项目时，对节水改造项目要给予重点支持；对重大、关键节水技术、装备研发项目，要努力争取有关科技经费的支持。鼓励企业、投资机构等加大节水技术研发和改造力度；支持投资机构创新融资方式，开展专业化的节水投资和服务。

（十七）加强宣传交流。各地区、行业协会及工业企业要广泛深入地宣传工业节水的方针政策及其重要意义，及时总结和推广节水企业的先进经验，按照行业和企业特点因地制宜地开展节水管理和节水技术交流活动，提高企业节水的技术和管理水平。

附件：

重点工业行业取水指导指标(第一批)

序号	行业	产品分类	单位	单位产品取水量		
				现有企业	新建企业(项目)	先进企业
1	钢铁	普通钢厂	m^3/t	4.9	4.5	4.2
		特殊钢厂	m^3/t	7	4.5	4.2
2	纺织(染整过程)	棉、麻、化纤及混纺机织物	$m^3/100\ m$	2.5	2	2
		丝绸机织物	$m^3/100\ m$	3	2.5	2.5
		针织物及纱线	m^3/t	130	100	100
3	造纸	漂白化学木(竹)浆	m^3/Adt	90	70	70
		本色化学木(竹)浆		60	50	50
		机械木浆		30	25	25
		化学机械浆		35	30	30
		漂白化学非木(麦草、芦苇、甘蔗渣)浆		130	110	110
		脱墨废纸浆		30	24	24
		未脱墨废纸浆		20	16	16
		新闻纸	m^3/t 产品	28	20	20
		未涂布印刷书写纸		50	35	35
		涂布纸印刷纸		50	35	35
		生活用纸		42	30	30
		包装用纸		35	25	25
		白纸板		40	30	30
		箱纸板		30	25	25
		瓦楞原纸		30	25	25

ICS 13.060.25
P 41

中华人民共和国国家标准

GB/T 18820—2011
代替 GB/T 18820—2002

工业企业产品取水定额编制通则

General principles of stipulation of water intake norm for industrial product

2011-06-16 发布 **2011-11-01 实施**

中华人民共和国国家质量监督检验检疫总局
中国国家标准化管理委员会 发布

前　　言

本标准代替 GB/T 18820—2002《工业企业产品取水定额编制通则》。

本标准与 GB/T 18820—2002 相比，主要变化如下：

——删除了规范性引用文件中 GB/T 7119；

——修订了单位产品取水量的术语和定义；

——增加了单位产品非常规水资源取水量的术语和定义以及计算方法；

——删除了术语和定义中的重复利用率；

——修订了单位产品用水量的术语和定义以及计算方法。

本标准的附录 A 为资料性附录。

本标准由国家发展和改革委员会和水利部提出。

本标准由全国工业节水标准化技术委员会归口。

本标准起草单位：中国标准化研究院、北京林业大学、中国科学院生态环境研究中心、大唐国际发电股份有限公司、中国水利学会、中国石油化工集团公司石油化工科学研究院。

本标准主要起草人：白雪、陈海红、孙静、李爱仙、常智慧、祝宪、李贵宝、金明红、陈利顶、赵跃进、祁鲁梁、潘时提。

本标准历次版本发布情况为：

——GB/T 18820—2002。

工业企业产品取水定额编制通则

1 范围

本标准规定了工业企业产品取水定额的术语和定义、编制原则、计算方法和制定程序。

本标准适用于工业生产取水定额的编制。

2 规范性引用文件

下列文件中的条款通过本标准的引用而成为本标准的条款。凡是注日期的引用文件,其随后所有的修改单(不包括勘误的内容)或修订版均不适用于本标准,然而,鼓励根据本标准达成协议的各方研究是否可使用这些文件的最新版本。凡是不注日期的引用文件,其最新版本适用于本标准。

GB/T 4754 国民经济行业分类

GB/T 12452 企业水平衡测试通则

3 术语和定义

下列术语和定义适用于本标准。

3.1

工业企业产品取水定额 norm of water intake for industrial product

针对取水核算单位制定的,以生产工业产品的单位产量为核算单元的合理取用常规水资源的标准取水量。

注:产品指最终产品、中间产品或初级产品;对某些行业或工艺(工序),可用单位原料加工量为核算单元。

3.2

单位产品取水量 quantity of water intake for unit product

企业生产单位产品需要从各种常规水资源提取的水量。

注：工业生产的取水量，包括取自地表水（以净水厂供水计量）、地下水、城镇供水工程，以及企业从市场购得的其他水或水的产品（如蒸汽、热水、地热水等）的水量。其中，工业生产包括主要生产、辅助生产和附属生产。

3.3

单位产品非常规水资源取水量　quantity of unconventional water intake for unit product

企业生产单位产品从各种非常规水资源提取的水量。

注：工业生产的非常规水资源取水量是指企业取自海水、苦咸水、矿井水和城镇污水再生水等的水量，以净化后或淡化后供水计量。

3.4

单位产品用水量　quantity of water usage for unit product

企业生产单位产品的总用水量，其总用水量为单位产品取水量、单位产品非常规水资源取水量和重复利用水量之和。

注：工业生产的用水量，包括主要生产用水、辅助生产（包括机修、运输、空压站等）用水和附属生产用水（包括绿化、浴室、食堂、厕所、保健站等），不包括非工业生产单位的用水量（如基建用水、厂内居民家庭用水和企业附属幼儿园、学校、对外营业的浴室、游泳池等的用水量）和居民生活用水量。

4　编制原则

4.1　对工业生产行业的确定应依照 GB/T 4754；对工业产品的分类依据相应的国家标准或行业标准；对企业水平衡测试应依据 GB/T 12452 的要求。

4.2　制定定额时应鼓励和促进工业节水和工业技术进步，体现先进性；同时宜考虑地区间、行业间、企业间用水和节水水平的现实差异。

4.3　制定定额应考虑各地区的不同水资源条件，对于缺水地区要坚持以水定供、以供定需的方针，促进缺水地区工业结构的调整。对于水资源条件较好的地区应结合地区水资源开发利用规划，可适当调整，注意资源效益、环境效益和经济效益之间的平衡。

4.4　工业企业产品取水定额的主体指标是单位产品取水量，应作为国家和企业用水节水的源头管理和控制指标。

4.5　生产设备改善、工艺革新和管理水平提高后，定额指标应作调整。

5 计算方法

5.1 单位产品取水量

单位产品取水量按式(1)计算:

$$V_{ui}=\frac{V_i}{Q} \quad \cdots\cdots (1)$$

式中:

V_{ui}——单位产品取水量,单位为立方米每单位产品;

V_i——在一定的计量时间内,生产过程中常规水资源的取水量总和,单位为立方米(m^3);

Q——在一定计量时间内产品产量。

注:企业生产多种产品可分别计算,也可用一种典型产品综合指标计算。

5.2 单位产品非常规水资源取水量

单位产品非常规水资源取水量按式(2)计算:

$$V_{fi}=\frac{V_j}{Q} \quad \cdots\cdots (2)$$

式中:

V_{fi}——单位产品非常规水资源取水量,单位为立方米每单位产品;

V_j——在一定的计量时间内,生产过程中非常规水资源的取水量总和,单位为立方米(m^3);

Q——在一定计量时间内产品产量。

注:企业生产多种产品可分别计算,也可用一种典型产品综合指标计算。

5.3 单位产品用水量

单位产品用水量按式(3)计算:

$$V_{ut}=\frac{V_i+V_j+V_r}{Q} \quad \cdots\cdots (3)$$

式中:

V_{ut}——单位产品用水量,单位为立方米每单位产品;

V_i——在一定的计量时间内,生产过程中常规水资源的取水量

总和,单位为立方米(m^3);

V_j——在一定的计量时间内,生产过程中非常规水资源的取水量总和,单位为立方米(m^3);

V_r——在一定的计量时间内,生产过程中的重复利用水量总和,单位为立方米(m^3);

Q——在一定计量时间内产品产量。

注:企业生产多种产品可分别计算,也可用一种典型产品综合指标计算。

6 制定程序

6.1 建立取水定额制定小组,负责取水定额的制定工作。

6.2 收集分析国内外工业产品生产用水的状况、节约用水的技术、合理用水的管理经验等方面的资料,对代表性企业可以进行问卷调查。

6.3 全面了解企业单位产品的取水量、非常规水资源取水量和用水量,选择一批具有一定生产规模、生产工艺技术和管理水平的典型企业进行现状调查。对合理用水方面的先进企业进行节水潜力的分析。

6.4 选择一些规模、生产、工艺、管理水平以及地域分布不同的典型企业进行水平衡测试,计算企业生产过程中单位产品取水量、单位产品非常规水资源取水量和单位产品用水量。

6.5 根据调研资料和水平衡测试数据以及取水指标现状和节水潜力分析,对工业企业产品取水定额进行估算,估算方法主要包括:回归分析法、典型样板法、平均先进法、专家咨询法、重复利用率逐年增长法、时间序列法等。工业企业产品取水定额的估算方法参见附录A。

6.6 对估算出的工业企业产品取水定额进行技术的可行性、经济的合理性分析,得出实施该取水定额的成本效益和社会经济效益。

6.7 综合各方面的影响因素,经专家审定后,最终确定工业企业产品取水定额。

参考文献

[1] 国家发展和改革委员会、科技部. 中国节水技术政策大纲释义[M]. 北京:中国科学技术出版社,2005.

[2] 全国节约用水办公室. 全国节水规划纲要及其研究[M]. 南京:河海大学出版社,2003.

[3] 中国水利学会,水利部水资源管理中心. 节水型社会知识问答[M]. 北京:中国水利水电出版社,2007.

[4] 国家发展和改革委员会资源节约和环境保护司. 工业企业取水定额国家标准实施指南(一)[M]. 北京:中国标准出版社,2003.

[5] 祁鲁梁,等. 工业用水节水与水处理技术术语大全[M]. 北京:中国水利水电出版社,2003.

[6] 祁鲁梁,等. 工业用水与节水管理知识问答. 2版. 北京:中国石化出版社,2010.

[7] 张继群,等. 节水型社会建设实践[M]. 北京:中国水利水电出版社,2012.

[8] 中华人民共和国水利部. 中国水资源公报 2000—2011[M]. 北京:中国水利水电出版社,2000—2012.